KB264152

_________________ 드림

콩지의
프라이팬 **쿠키** & 밥통 **케이크**

**콩지**의
프라이팬 **쿠키**
& 밥통 **케이크**

**초판 1쇄 인쇄** 2014년 10월 17일
**초판 1쇄 발행** 2014년 10월 24일

**지은이** 박현진

**발행인** 장상진
**발행처** (주)경향비피
**등록번호** 제2012-000228호
**등록일자** 2012년 7월 2일

**주소** 서울시 영등포구 양평동 2가 37-1번지 동아프라임밸리 507-508호
**전화** 1644-5613 | **팩스** 02) 304-5613

ⓒ 박현진
**ISBN** 978-89-6952-041-8 13590

· 값은 표지에 있습니다.
· 파본은 구입하신 서점에서 바꿔드립니다.

# 콩지의
# 프라이팬 쿠키 & 밥통 케이크

콩지 박현진 지음

경향BP

# contents



## Part 1  견과류를 넣은 고소한 쿠키

아몬드 초코칩 쿠키 024 　 통곡물 쿠키 026 　 호밀 쿠키 028 　 대추 호두 쿠키 030 　 오트밀 쿠키 032

콩가루 볼 034 　 미숫가루 쿠키 036 　 통아몬드 쿠키 038 　 코코넛 쿠키 040 　 모카 땅콩 쿠키 042

## Part 2  채소, 과일을 넣은 촉촉한 쿠키

단호박 쿠키 046 　 고구마 과자 048 　 두부 쿠키 050 　 시금치 쿠키 052 　 브로콜리 채소 쿠키 054

바나나 초코 쿠키 056 　 사과 쿠키 058 　 블루베리 치즈 쿠키 060 　 유자 쿠키 062 　 단팥 쿠키 064

## 오븐 없이 만드는
# 달콤한 간식, 쿠키&케이크

베이킹 하면 가장 먼저 떠오르는 것이 오븐이고, 오븐이 없다면 베이킹은 처음부터 엄두도 못 내고 조용히 접는 경우가 많은 것 같습니다. 설사 오븐이 있다 해도 각종 도구들을 구입하고 평소에 안 쓰던 생소한 재료들을 두루 갖춰야만 한다는 생각에 시작도 하기 전에 마음에 부담이 먼저 쌓이게 되고, 또 도구들이 모두 갖춰진다 한들 맘먹은 대로 된다는 보장도 없다는 생각에 결국 홈베이킹의 길은 더욱더 멀게만 느껴지는 것 같습니다.

집에서 가족들과 함께 오손도손 먹을 수 있는 소박한 간식거리 하나 만드는데 이렇게 번거로운 방법밖에 없을까요? 베이킹은 과연 전문기술을 가진 자만이 할 수 있는 어려운 분야이고 오븐이 없으면 빵과 과자를 만들지 못하는 것일까요? 절대 그렇지 않습니다.

음식을 익히는 도구 중에는 서양식 오븐만 있는 것이 아니라 우리가 너무나 쉽게 사용하는 가스레인지도 있다는 사실을 생각한다면 많은 것들이 달라진답니다. 밥, 국, 라면, 부침개처럼 빵이나 과자도 하나의 음식일 뿐 반죽만 완성되면 가스레인지에 프라이팬 놓고 속이 익을 때까지 구워주기만 하면 되는 것입니다. 여기에 쉬운 레시피만 있다면 오븐 없이도 누구나 집에서 쉽게 베이킹을 할 수 있는 것은 시간문제일 텐데요, 가장 따라 하기 쉽고 실패 확률도 낮은 것으로는 역시 쿠키만 한 것이 없답니다.

쿠키가 고소하고 달콤한 주전부리용 간식이었다면 케이크는 주로 가벼운 식사대용이나 배부른 간식으로 많이 활용되고 있는 만큼 칼로리 부담을 줄이고 최대한 담백한 맛을 내기 위해 특히 많은 신경을 썼습니다. 모든 레시피에 버터를 전혀 사용하지 않았고, 달콤한 소스 없이도 맛있게 즐길 수 있는 다양한 콩지표 케이크를 개발했습니다.

　매일 달콤한 간식에 관한 정보를 제공하고 또 누구보다 즐겨 먹고 있는 한사람으로서 여러분께 꼭 드리고 싶은 말씀은 베이킹은 매일 먹는 주식이라기보다는 가끔 먹는 부식 또는 간식으로서의 의미가 더 크다는 것입니다. 아무리 좋아하는 빵, 과자, 케이크라 할지라도 지나치게 많이 드시는 것보다는 섬유질과 영양을 고루 갖춘 각종 현미, 잡곡, 채소, 과일 등을 충분히 섭취하는 습관을 먼저 들이는 것이 좋습니다. 이러한 건강한 식습관이 뒷받침 된 후의 베이킹이야말로 건강도 지키고 먹는 즐거움도 챙길 수 있는 진정한 활력소가 될 것이기 때문입니다.

콩지 박현진

### 프라이팬

쿠키를 구울 때 오븐과 같은 역할을 하는 가장 중요한 도구예요. 크기는 28~30cm로 큰 것을 사용하시는 것이 한번에 많은 양의 쿠키를 굽는 데 편리하고 코팅은 두꺼운 것을 사용하는 게 좋아요.

### 전자저울

정량을 지키는 것이 무엇보다 중요한 베이킹에서 아주 유용하게 쓰이는 도구랍니다. 전자저울이 없을 때는 바늘저울을 사용하거나 종이컵 또는 계량스푼을 이용해서 최대한 비슷한 양을 지켜주는 것이 좋답니다.

### 거품기

머랭이나 생크림 휘핑을 할 때는 핸드믹서를 사용하는 것이 효율적이나 쿠키반죽을 할 때는 수동식 손 거품기만으로도 충분하답니다. 손 거품기는 손잡이가 두껍거나 헤드 부분이 짧고 뭉툭한 것보다는 가벼우면서 길고 날씬한 것이 사용하기 편하답니다.

### 스텐볼

재료를 혼합할 때 거품기와 자주 부딪쳐야 하기 때문에 깨지기 쉬운 유리볼이나 흠집이 생기기 쉬운 플라스틱 볼보다는 가벼우면서 재질이 튼튼한 스텐볼을 사용하는 것이 가장 좋답니다.

### 계량스푼

소량으로 들어가는 재료들을 간편하게 계량하기 좋은 도구예요. 같은 한 큰술이라고 해도 밥숟가락과는 용량 차이가 있기 때문에 가장 기본 단위인 1T/1t 계량스푼 하나 정도는 구비해서 사용하는 것이 좋답니다.

### 고무주걱

볼에 묻은 재료들을 남김없이 깔끔하게 훑어 쓰기 좋답니다. 머리 부분이 분리되는 것은 빠지기 쉽고 음식물이 낄 수 있으므로 위생상 통으로 된 것을 사용하시는 것이 좋고, 특히 오래 써도 변형이 없고 뜨거운 열에도 잘 견디는 실리콘 주걱이 가장 효율적이랍니다.

### 체

밀가루를 체 칠 때 꼭 필요한 도구예요. 올이 너무 고운 것은 가루를 내리기 불편하므로 살짝 굵은 것을 사용하는 것이 편리하답니다.

### 위생비닐

쿠키반죽을 감싸서 모양을 잡을 때나 냉동실에 보관할 때 굉장히 많이 사용됩니다. 주머니 상태로 담으면 나중에 가위로 자르기가 불편하므로 처음부터 옆 부분을 잘라 넓게 펼쳐서 사용하는 것이 좋답니다.

### 타이머

쿠키를 굽고 뒤집어야 하는 시간을 쉽고 간편하게 설정할 수 있어요. 필수품은 아니지만 하나 구비해두면 쿠키를 태울 염려 없이 좀 더 안전하게 작업할 수 있어 편리하답니다.

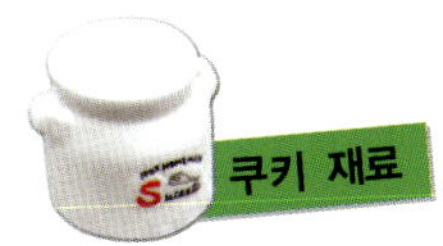

## 버터

버터는 발효방식에 따라 노란색 또는 흰색을 띠며 소금이 첨가된 가염버터와 그렇지 않은 무염버터가 있어요. 베이킹에서는 일반적으로 무염버터를 사용하는데, 가염버터를 사용해도 크게 문제가 되지는 않는답니다.

## 초콜릿

초콜릿은 크게 색이 짙고 쓴맛이 강한 다크초콜릿, 우유를 섞어 달고 부드러운 밀크초콜릿, 코코아 성분이 없는 화이트초콜릿으로 나뉘는데, 초콜릿에는 항산화 효과가 있어 노화 방지에도 좋다고 하네요.

## 연유

우유에 당을 첨가해 농축시킨 유제품으로 주로 팥빙수, 커피, 화채 등에 사용되며, 달콤하고 고소한 풍미 때문에 쿠키나 만쥬 등 베이킹에도 종종 사용된답니다.

## 아몬드가루

딱딱한 아몬드를 분쇄한 것으로 고소한 맛이 납니다. 체에 내릴 때는 밀가루와 함께 섞어 손으로 비벼가며 내려주세요.

## 코코넛가루

코코넛을 분쇄한 것으로 쿠키에 넣으면 고소한 향과 씹는 맛이 좋습니다. 입자가 굵어 체에 내려지지 않으므로 밀가루와 혼합하지 말고 따로 넣어주세요.

## 코코아가루

발효시킨 코코아 콩을 볶아서 곱게 분쇄한 것으로 베이킹에 많이 사용되는 재료입니다. 우유에 타 먹는 혼합 코코아가 아닌 색이 짙고 단맛이 전혀 없는 100% 코코아가루를 사용해주세요.

## 옥수수가루

옥수수를 통째로 빻은 것으로 색이 노랗습니다. 빵, 케이크, 쿠키를 만들 때 밀가루와 함께 섞어 사용하면 특유의 맛과 향을 얻을 수 있답니다.

## 옥수수전분

옥수수에서 녹말만을 추출하여 빻은 것으로 색이 하얗고 주로 식품조리에 사용되며 옥수수가루와 같은 용도로 쓸 수 없답니다.

## 슈가파우더

설탕에 소량의 전분을 넣고 곱게 분쇄한 것으로 설탕보다 수분 함량이 낮아 쿠키를 더 부드럽고 바삭하게 하고 케이크나 쿠키 위에 장식용으로 뿌리기도 한답니다.

## 한천가루

우뭇가사리라는 해초에서 얻은 우무를 농축 건조시켜 가루로 만든 것으로 끓는 물에서만 녹고 냉각하면 단단하게 굳는 성질이 있으며, 양갱을 만들 때 많이 사용된답니다.

## 젤라틴

동물의 껍질이나 연골에 있는 콜라겐을 정제한 것으로 60℃에서 완전히 녹고 냉각하면 굳는 성질이 있어 젤리, 푸딩, 무스 등에 주로 사용된답니다.

## 앙금

강낭콩, 팥, 완두콩을 주원료로 만든 백앙금, 적앙금, 완두앙금은 상투 과자, 양갱, 만쥬 등을 만들 때 주로 사용해요. 직접 만들어도 좋고 시판 제품을 사용하면 더욱 편리하답니다.

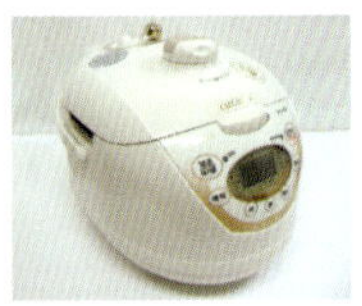

**전기압력밥솥**

반죽을 붓고 시간 설정만 해주면 간편하게 케이크를 구울 수 있어요. 반드시 압력 기능이 있는 것이 좋고 6인용은 2호, 10인용은 3호 사이즈에 해당되는 스펀지가 만들어진답니다.

**핸드믹서**

달걀 거품이나 생크림 거품을 낼 때 굉장히 유용하게 쓰이는 도구예요. 손 거품기보다 효율이 좋고 실패율이 낮아 초보에게 꼭 필요한 도구랍니다.

**손 거품기**

핸드믹서가 없을 때 대신 사용할 수 있어요. 버터를 풀거나 걸쭉한 재료를 섞을 때는 단단하게 고정된 타원형 거품기가 좋고, 달걀 거품을 낼 때는 가벼운 스프링형 거품기가 좋답니다.

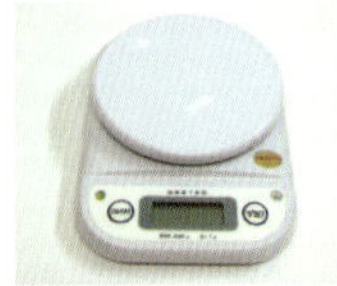

**전자저울**

정량을 지키는 것이 중요한 베이킹에서 아주 유용한 도구랍니다. 전자저울이 없을 때는 바늘 저울을 사용하거나 종이컵 또는 계량스푼을 이용해 최대한 비슷한 양을 지켜주는 것이 좋아요.

**계량스푼**

소량 재료들을 간편하게 계량하기 좋은 도구예요. 같은 한 큰술이라 해도 밥숟가락과는 용량 차이가 있기 때문에 가장 기본단위인 1T/1t 계량스푼 정도는 구비해 사용하면 좋아요.

**실리콘주걱**

볼에 묻은 재료들을 남김없이 깔끔하게 훑어 쓰기 좋답니다. 머리 부분이 분리되는 것은 빠지기 쉽고 음식물이 낄 수 있으므로 통으로 된 것을 사용하는 것이 좋아요.

**스텐볼**

재료를 혼합할 때 거품기와 자주 부딪쳐야 하기 때문에 깨지기 쉬운 유리볼이나 흠집이 나기 쉬운 플라스틱볼보다는 가벼우면서 재질이 튼튼한 스텐볼을 사용하는 것이 가장 좋답니다.

**체**

밀가루를 체 칠 때 꼭 필요한 도구예요. 올이 너무 고운 것은 가루를 내리기 불편하므로 살짝 굵은 것이 좋고 손잡이가 달린 것이 사용하기 편리하답니다.

**식힘체**

쿠키나 스펀지를 식힐 때 바닥이 평평한 체를 이용하면 편리해요. 올이 촘촘해서 스펀지에 보기 흉한 자국이 생기지 않아 오히려 전용 식힘망보다 훨씬 효율적이랍니다.

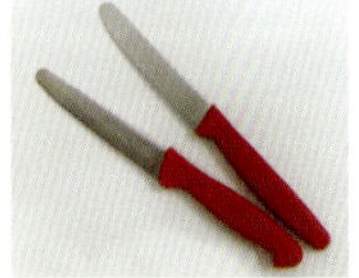

**빵칼 & 스패츌라**

전용 도구가 아닌 작은 빵칼이나 끝이 둥근 과일칼도 얼마든지 훌륭한 도구가 될 수 있답니다.

**베이킹컵**

찜 케이크를 만들 때 꼭 필요한 도구예요. 은박 용기의 사용이 가장 간편하며, 안쪽에 유산지나 호일을 덧대주면 세척도 쉽고 재활용이 가능하답니다.

**회전판**

케이크에 생크림을 바를 때 사용하면 편리한 도구로, 전용 회전판이 없을 때는 전자레인지 돌림판을 활용하면 훌륭한 회전판이 된답니다.

### 코코아가루

발효시킨 코코아 콩을 볶아서 곱게 분쇄한 것으로 베이킹에 많이 사용되는 인기 재료랍니다. 우유에 타 먹는 혼합 코코아가 아닌 색이 짙고 쓴맛이 나는 100% 코코아가루를 사용하세요.

### 녹차가루

시중에서 파는 일반 녹차가루보다 베이킹 전용을 쓰는 것이 색도 선명하고 맛과 향도 풍부해요. 베이킹파우더를 만나면 색이 어두워지므로 함께 쓰지 않는 것이 좋답니다.

### 인스턴트 커피

모카 엑기스가 없을 때 대신 사용할 수 있어요. 설탕과 프림이 섞이지 않은 순수한 커피 알갱이만을 사용하세요.

### 달걀

스펀지케이크를 만들 때 반죽을 부풀리는 가장 중요한 재료예요. 알이 굵은 것이 좋고, 싱싱한 것을 사용해야 비린내가 나지 않는답니다.

### 생크림

우유의 지방을 농축시켜 만든 동물성 크림과 식물성 유지를 합성시켜 만든 식물성 크림으로 나뉘는데, 액체 상태를 그대로 사용하거나 거품을 내서 케이크나 디저트에 올려서 사용한답니다.

### 설탕

달걀 거품을 윤기 있고 단단하게 해주는 아주 중요한 재료로 백설탕, 황설탕, 흑설탕 세 가지가 있어요. 되도록 정제하지 않은 유기농 설탕을 이용하는 것이 좋아요.

### 크림치즈

크림과 우유를 혼합해 만든 치즈로, 숙성시키지 않아 맛이 고소하면서 부드럽고 약간 신맛이 나요. 깊고 진한 맛이 일품인 치즈 케이크를 만들 때 주로 사용한답니다.

### 판 젤라틴

동물의 껍질이나 연골에 있는 콜라겐을 정제한 것으로, 1장의 무게는 2g이에요. 찬물에 불린 후 뜨겁게 데워서 사용하며 젤리, 푸딩, 무스 등에 주로 사용한답니다.

### 한천가루

우뭇가사리라는 해초에서 얻은 우무를 농축 건조시켜 가루로 만든 것으로 끓는 물에서만 녹고 냉각하면 단단하게 굳는 성질이 있으며, 양갱을 만들 때 많이 사용된답니다.

### 초콜릿

초콜릿은 크게 색이 짙고 쓴맛이 강한 다크초콜릿, 우유를 섞어 달고 부드러운 밀크초콜릿, 코코아 성분이 없는 화이트초콜릿으로 나뉩니다. 뜨거운 물에 중탕으로 녹여서 사용한답니다.

### 블루베리필링 & 체리필링

맛도 좋고 색상이 고와서 근사한 케이크 장식을 손쉽게 할 수 있어요. 개봉 후에는 냉동 보관해야 하고, 해동할 때는 뜨겁게 데워야 원래의 점성이 살아난답니다.

### 식물성 오일

버터보다 칼로리가 낮고 케이크를 부드럽게 해준답니다. 향이 없는 포도씨유나 카놀라유를 쓰는 것이 좋고, 올리브유는 특유의 강한 향 때문에 맛을 해칠 수 있으니 피하는 것이 좋아요.

요리의 경우에는 조리하는 중간에 부족한 재료를 추가해가며 맛을 조절할 수 있지만 베이킹은 재료들을 처음부터 모두 혼합하여 반죽을 완성해야 하기 때문에 중간에 맛을 보면서 재료 양을 조절하는 것은 거의 불가능한 일이지요. 또 계획한 모양과 형태가 나와주어야 하기 때문에 베이킹에 있어서 정확한 계량이란 제품의 완성도와 직결되는 매우 중요한 부분이랍니다. 전자저울을 이용한 계량이 가장 쉽고 정확하지만 도구를 구입할 수 있는 여건이 안 될 경우 종이컵, 계량스푼, 밥숟가락 등을 이용하여 최선의 계량을 할 수 있습니다.

### 한 큰술이란?

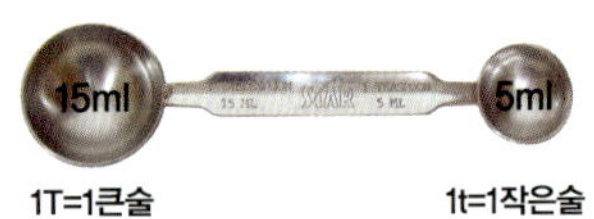


우리가 일반적으로 말하는 1큰술이란 15ml 계량스푼으로 하나를, 1작은술이란 5ml 스푼으로 하나를 뜻한답니다.

밥숟가락은 실제 용량이 약 10ml로 계량스푼보다 조금 적기 때문에 가루 재료를 계량할 때는 보통 살짝 소복한 느낌으로 담아 대략 1큰술로 사용하고 있답니다. 그러나 액체 재료의 경우에는 소복하게 담을 수가 없기 때문에 계량스푼보다 부족한 양을 고려해서 임의로 더 추가해주셔야 한답니다.

### 한 컵이란?

우리가 흔히 말하는 한 컵이란 200ml를 의미하는데요, 이것은 일반 물컵에 약간의 여유를 두고 90% 정도 채웠을 때의 양이랍니다. 하지만 막연하게 일반 물컵을 사용해서 계량을 하기에는 그 모양과 크기에 따라 재료가 담기는 양이 모두 다르기 때문에 개인마다 오차가 많이 발생하겠지요?

전자저울을 이용하여 모든 재료를 무게(g)로 통일하여 계량을 하는 것이 가장 정확한 방법이지만 도구가 미처 준비되지 않았다면 오른쪽 표를 참고해 보세요. 누구에게나 동일하게 적용될 수 있도록 종이컵과 계량스푼이라는 공통된 기준을 사용했기 때문에 최대한 근접한 계량을 하는 데 도움이 될 것입니다.

물은 무게와 부피가 거의 같답니다.
ex. 200g=200ml=200cc

단위: g

| | 종이컵 | 미니컵 | 1T | 1t | 숟가락 |
|---|---|---|---|---|---|
| 물, 우유 | 180 | 50 | 15 | 5 | 10 |
| 생크림 | 180 | 50 | 15 | 5 | 10 |
| 연유 | | 70 | 20 | 7 | 12 |
| 꿀, 물엿 | | 70 | 20 | 7 | 15 |
| 식용유 | | 50 | 12 | 4 | 10 |
| 녹인 버터 | | 50 | 15 | 6 | 8 |
| 백설탕 | 160 | 50 | 12 | 5 | 12 |
| 황설탕 | 130 | 40 | 10 | 4 | 10 |
| 흑설탕 | 120 | 30 | 10 | 4 | 10 |
| 슈가파우더 | 90 | 30 | 8 | 3 | 8 |
| 백밀가루 | 100 | 30 | 8 | 3 | 8 |
| 통밀가루 | 100 | 30 | 8 | 3 | 8 |
| 호밀가루 | 100 | 30 | 8 | 3 | 8 |
| 아몬드가루 | 70 | 20 | 6 | 2 | 6 |
| 코코넛가루 | 60 | 20 | 6 | 2 | 6 |
| 옥수수가루 | 90 | 30 | 8 | 3 | 8 |
| 흑미가루 | 90 | 30 | 8 | 3 | 8 |
| 찹쌀가루 | 120 | 40 | 10 | 4 | 10 |
| 코코아가루 | | 20 | 5 | 2 | 10 |
| 옥수수전분 | | 20 | 7 | 2 | 7 |
| 황치즈가루 | | 30 | 7 | 3 | 7 |
| 단호박가루 | | 30 | 8 | 3 | 8 |
| 백년초가루 | | 30 | 5 | 2 | 5 |
| 복분자가루 | | 20 | 5 | 2 | 5 |
| 고구마가루 | | 40 | 10 | 4 | 10 |
| 딸기가루 | | 15 | 5 | 2 | 5 |
| 녹차가루 | | 25 | 6 | 2 | 6 |
| 카레가루 | | 30 | 10 | 4 | 10 |
| 치자가루 | | 25 | 7 | 3 | 7 |
| 미숫가루 | | 30 | 8 | 3 | 8 |
| 한천가루 | | 30 | 8 | 3 | 8 |
| 베이킹파우더 | | 50 | 10 | 4 | 10 |
| 드라이이스트 | | 40 | 10 | 3 | 10 |
| 소금 | | 50 | 15 | 5 | 15 |
| 버터, 크림치즈 | 고체 재료는 칼로 등분해서 쓴다 | | | | |
| 계란 | 껍질 포함 63  전란 55  흰자 40 노른자 15 | | | | |

| | 종이컵 | 미니컵 | 1T |
|---|---|---|---|
| 건포도 | 120 | 40 | 12 |
| 초코칩 | 120 | 40 | 15 |
| 호두분태 | 100 | 30 | 10 |
| 땅콩분태 | 100 | 30 | 10 |
| 슬라이스 아몬드 | 80 | 20 | 8 |
| 통아몬드 | 100 | 30 | 10 |
| 오렌지필 | 100 | 40 | 12 |
| 오트밀 | 80 | 25 | 8 |
| 호박씨 | 110 | 35 | 10 |
| 해바라기씨 | 100 | 35 | 10 |

## 사용된 용기

1. 종이컵: 커피 마실 때 쓰는 일반 종이컵(180ml)
2. 미니컵: 술잔으로 사용되는 작은 종이컵(50ml)
3. 1T, 1t: 계량스푼(15ml/5ml)
4. 숟가락: 어른 밥숟가락(10ml)

## 담는 방법

### 액체 재료
종이컵과 스푼 모두 100% 가득 채운 양.

### 가루 재료
윗면이 수평이 되도록 살살 흔들어 가득 채운 양.
단, 밥숟가락은 살짝 소복한 느낌으로.

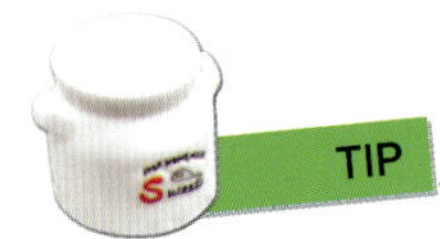



## 휘핑하기

**1.** 최대한 차가운 상태의 생크림을 볼에 담아 중속 또는 고속으로 휘핑해요. 이때 크림이 튀지 않도록 거품기는 수직을 유지해주는 것이 좋고 맛을 봐서 단맛이 없는 무가당 크림일 경우 설탕을 크림 양의 약 10% 정도 넣고 휘핑합니다.

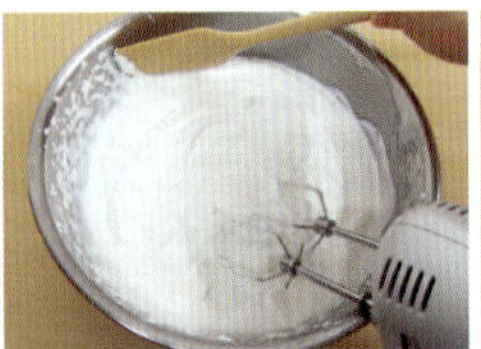 

**2.** 휘핑하면서 잘 섞이지 않은 볼 주변의 생크림은 주걱으로 모아서 골고루 휘핑해줍니다.

**3.** 거품이 뻑뻑해지고, 주걱으로 가볍게 퍼 올려 봤을 때 크림에 힘이 있으면서도 끝이 부드럽게 휘어지는 상태가 되었으면 OK! 휘핑이 부족하면 크림이 흘러내리고 또 너무 지나치면 표면에 거친 기포가 생겨 보기에도 안 좋을 뿐만 아니라 매끄럽게 퍼 바르기도 어려우므로 적당히 부드러우면서 단단한 상태를 유지해주는 것이 가장 중요하답니다.

**|주의사항|**

1. 볼과 거품기 날에 물기가 없도록 깨끗이 닦아야 해요.
2. 생크림은 차가울수록 거품이 잘 일어나기 때문에 쓰기 바로 직전까지 냉장고에 차갑게 두세요.
3. 거품이 잘 일어나지 않을 때는 얼음물에 볼을 담그고 휘핑해주면 도움이 됩니다.
4. 손 거품기보다 핸드믹서를 이용하는 것이 좋습니다.

## 다양한 생크림 만들기

**초코 생크림**   재료 생크림 500g, 코코아가루 4T

코코아가루를 물에 진하게 개어둔 후 생크림을 휘핑하다가 완성 직전에 넣고 가볍게 섞어줍니다.

**녹차 생크림**   재료 생크림 500g, 녹차가루 2T

녹차가루를 물에 진하게 개어둔 후 생크림을 휘핑하다가 완성 직전에 넣고 가볍게 섞어줍니다.

**모카 생크림**   재료 생크림 500g, 커피엑기스 2t

뜨거운 물에 커피를 약 1:5 정도로 진하게 녹여서 식힌 후 단단하게 거품을 낸 생크림에 넣고 가볍게 섞어줍니다.

**백년초 생크림**   재료 생크림 500g, 백년초가루 4T

백년초가루를 물에 진하게 개어둔 후 생크림을 휘핑하다가 완성 직전에 넣고 가볍게 섞어줍니다.

## 아이싱하기

아이싱이란 케이크 위에 생크림을 매끄럽게 펴 바르는 작업을 말해요.

**1.** 샌드가 끝난 케이크 위에 생크림을 듬뿍 퍼 올린 후 주걱으로 대강 펴 바르면서 옆면도 가볍게 발라주세요.

**2.** 얇은 과도를 이용해 크림을 아래로 조심히 밀어주면서 빈틈을 채워주고 다시 위쪽으로 훑어 올려주기를 반복하면서 표면을 정리합니다.

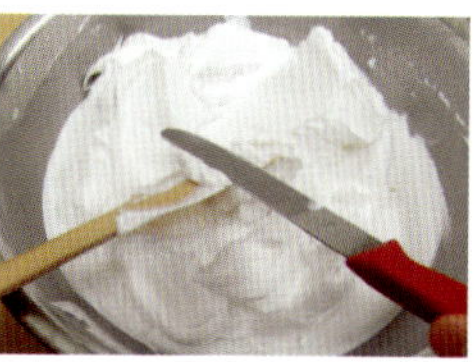

**3.** 생크림이 케이크 전체에 도포가 되었으면 손에 힘을 빼고 바닥에서부터 윗면까지 가볍게 훑어 올라가면서 거친 표면을 매끄럽게 다듬어줍니다. 이때 칼날에 묻은 크림을 주걱에 대고 수시로 훑어내줘야 덧바른 자국 없이 깔끔하게 발라져요.

**4.** 접시에 묻은 크림은 종이 타월로 깨끗하게 닦아주세요. 회전판이 필요할 때는 전자레인지 돌림판을 접시 밑에 깔고 사용하면 편리합니다.

## 짤주머니에 담기

생크림을 담아 여러 가지 모양으로 짜서 장식하는 데 사용하는 짤주머니는 비닐주머니와 천주머니 두 가지가 있답니다.

### 비닐주머니 사용하기

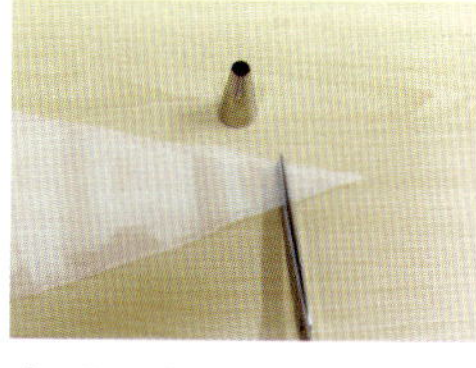

**1.** 짤주머니 끝을 깍지가 빠져나가지 않을 만큼 적당한 크기로 잘라낸 후 원하는 모양의 깍지를 끼우고 엄지와 검지로 밀어서 빠지지 않도록 단단히 고정시키세요.

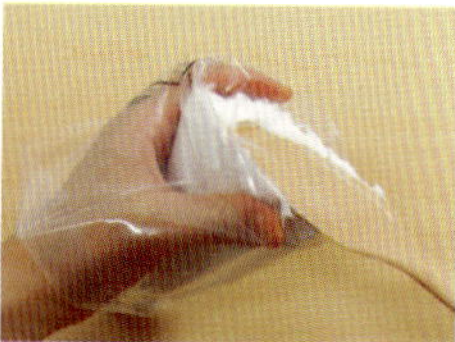

**2.** 속이 깊은 기다란 통에 짤주머니를 씌우고 생크림을 빈틈이 없게 차곡차곡 담아줍니다. 생크림이 소량일 때는 주머니를 긴 통 대신 손에 씌우고 담아주면 됩니다.

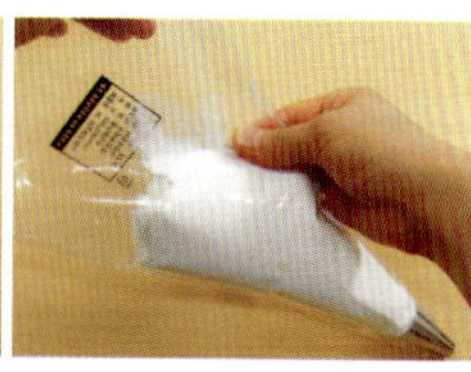

**3.** 짤주머니를 통에서 꺼낸 후 꼬리 부분을 당겨 뒤집어진 비닐을 바로 잡고 크림 사이에 빈 공간이 생기지 않도록 손으로 차근차근 쓸어내리면서 크림을 앞쪽으로 밀어주세요.

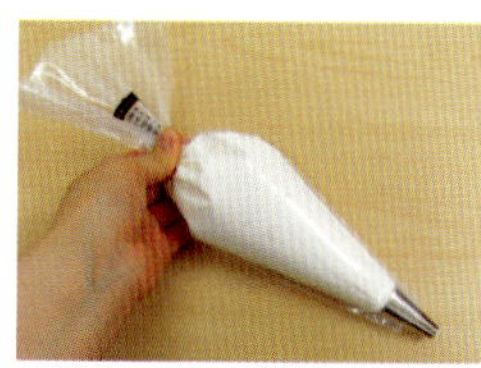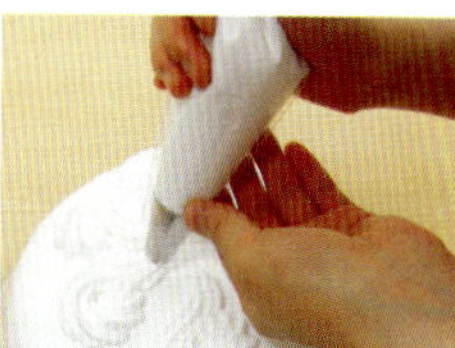

**4.** 크림이 밖으로 새어나오지 않도록 입구를 비틀어 잡고 원하는 모양으로 짜줍니다.

## 천주머니 사용하기

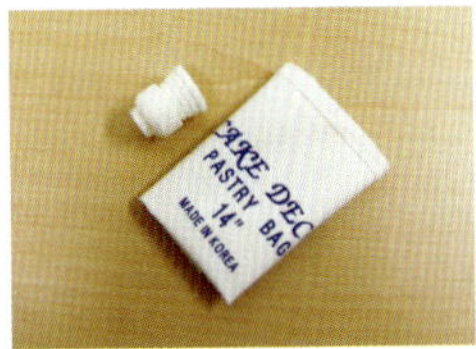
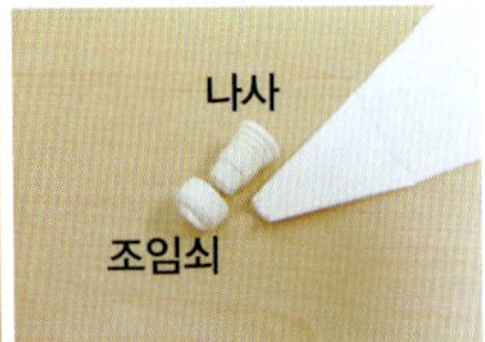



**1.** 조립된 커플러를 사용할 때는 나사와 조임쇠를 풀어주고 주머니 끝을 나사가 들어갈 수 있도록 가위로 잘라주세요.

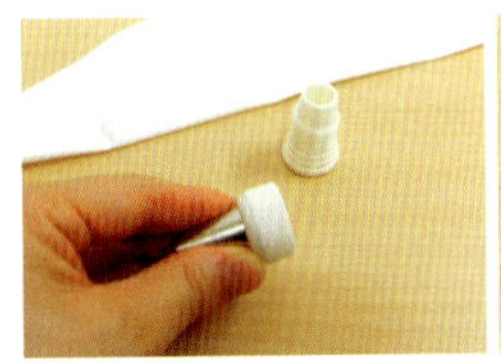
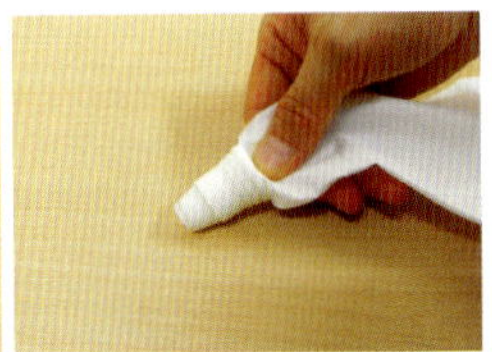

**2.** 조임쇠 안쪽에 원하는 모양의 깍지를 끼우고 주머니 속에 나사를 넣어 입구 쪽으로 밀어줍니다.

**3.** 깍지 속에 주머니를 넣고 조임쇠를 돌려 단단하게 고정시켜주세요.

### | 비닐주머니 |

1. 가격이 저렴하고 사용이 간편해요.
2. 생크림뿐만 아니라 초콜릿이나 혼당 같은 소량의 재료들을 동시에 여러 개 담아두고 쓰기에 편리합니다.
3. 깨끗하게 씻은 후 반복해서 사용할 수 있어요.
4. 쿠키처럼 되직한 반죽을 짤 경우 터질 위험이 있어요.
5. 중간에 깍지를 교체할 수 없어요.

### | 천주머니 |

1. 재질이 튼튼해 터질 위험이 없습니다.
2. 반영구적으로 사용이 가능해요.
3. 사용 도중 조임쇠를 풀어 다른 모양의 깍지로 자유롭게 교체할 수 있어요.
4. 재질이 불투명해 내용물을 알아보기 불편해요.

## 다양한 모양의 깍지

깍지는 생크림 케이크를 만들 때 없어서는 안 될 중요한 장식 도구 중 하나예요. 원하는 모양의 깍지를 짤주머니 끝에 끼우고 생크림을 담아 케이크 위에 짜주면 여러 가지 모양으로 장식할 수가 있답니다. 자주 사용되는 깍지들을 간단히 살펴볼까요?

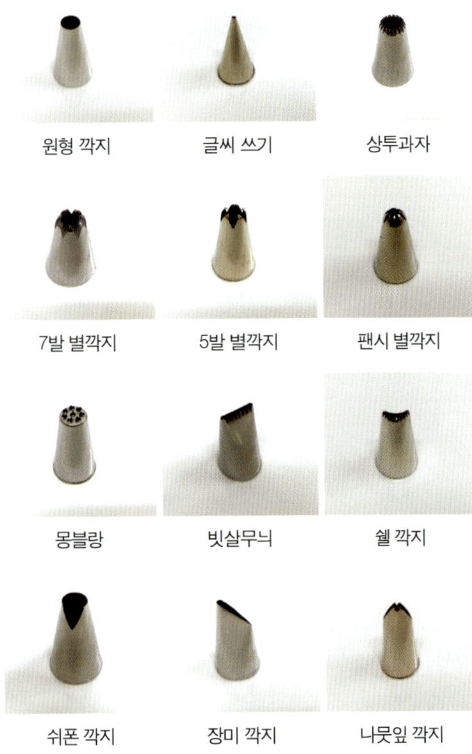

| | | |
|---|---|---|
| 원형 깍지 | 글씨 쓰기 | 상투과자 |
| 7발 별깍지 | 5발 별깍지 | 팬시 별깍지 |
| 몽블랑 | 빗살무늬 | 쉘 깍지 |
| 쉬폰 깍지 | 장미 깍지 | 나뭇잎 깍지 |

### | 보관하기 |

사용한 깍지는 깨끗하게 씻은 후 종이 타월을 이용해 좁은 틈새까지 꼼꼼하게 닦아 물기를 완전히 제거한 후 보관해야 녹이 슬지 않고 오랫동안 사용할 수가 있답니다. 또 깍지를 끼운 짤주머니에 생크림을 담은 채 너무 오랫동안 두면 녹이 슬 수 있으니 냉장 보관이라 하더라도 절대 하루 이상 담아두지 마세요.

# 기본 스펀지케이크 만들기

스펀지케이크란 풍성한 달걀 거품을 이용해 반죽을 부풀린 후 굉장히 폭신하게 구워낸 케이크로 조직의 밀도가 낮고 공기층이 고루 형성되어 있어 말 그대로 스펀지처럼 아주 가볍고 부드러운 케이크를 말합니다.
이러한 스펀지케이크는 달지 않고 담백해서 그냥 먹어도 맛있고 무스 케이크나 치즈 케이크를 만들 때 바닥에 까는 시트로도 사용되며, 특히 생크림 케이크를 만들 때 없어서는 안 되는 매우 중요한 역할을 하지요. 그 용도와 쓰임새가 굉장히 다양하기 때문에 만드는 방법을 잘 익혀두면 두루두루 다양하게 활용할 수가 있답니다.

## 크기

10인용 전기압력 밥솥 (지름 21cm x 높이 약 5cm)
약 3호 사이즈에 해당되는 크기

## 재료

| | |
|---|---|
| 박력분 | 130g |
| 달걀 | 4개 |
| 설탕 | 120g |
| 카놀라유 | 40g |
| 바닐라오일 | 1t |
| 우유 | 50g |

## 팁

- 6~8인용 밥솥도 가능해요.
- 박력분에 베이킹파우더를 1/2t정도 섞어주면 스펀지가 좀 더 높고 안전하게 부푼답니다.

## 준비하기

1. 밥솥에 버터를 옆면까지 높게 펴 발라둡니다.

2. 박력분을 체에 내려주세요.

3. 물기 없는 깨끗한 볼에 흰자와 노른자를 분리해주세요.

4. 모든 재료는 계량해서 한곳에 모아두세요. 그래야 빠뜨리지 않아요.

* 밥솥에 버터를 바르는 이유는 케이크가 들러붙지 않고 깔끔하게 잘 **빠져나오게** 하기 위해서예요. 식용유도 가능하지만 버터가 훨씬 효과가 좋고 색상도 노르스름하니 예쁘게 나온답니다.

## 흰자 거품 내기(머랭 만들기)

 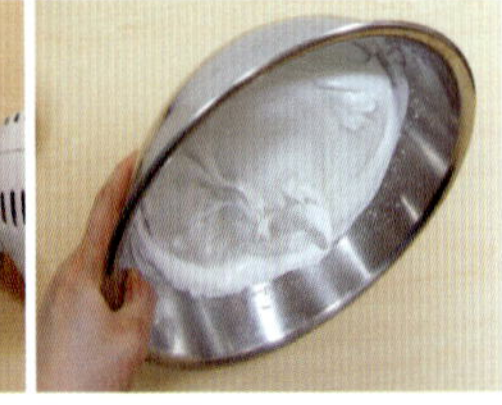

**1.** 흰자를 약 1~2분간 휘핑해 하얗게 거품이 올라오면 설탕을 2~3회로 나눠 넣어가면서 고속으로 휘핑해주세요. 거품기를 이리저리 움직여가면서 휘핑해주면 작업이 더 빨라져요.

**2.** 거품이 뻑뻑하고 단단한 상태가 되었으면 OK! 볼을 기울여봤을 때 거품이 전혀 움직이지 않거나 아주 천천히 흘러내리는 정도가 되면 잘 된 거예요.(총 소요 시간 약 5분)

**손 거품기 사용 시** 거품기로 볼 바닥을 때리듯 최대한 힘껏 치대면서 섞어주세요.(총 소요 시간 약 10~20분)



## 재료 섞기

**3.** 거품이 단단해졌으면 노른자를 넣고 약 1분간 충분히 섞어주세요. 이때 반죽을 살짝 흘려보면 단단했던 거품에 노른자가 섞이면서 걸쭉하게 흘러내리는 상태가 된답니다.

**4.** 카놀라유를 두 번으로 나눠 넣어가면서 저속으로 가볍게 섞다가 바닐라오일을 넣고 다시 한 번 가볍게 섞어주세요. 카놀라유 대신 포도씨유나 해바라기씨유를 사용해도 좋아요. 단, 올리브유는 특유의 강한 향이 케이크 맛을 해칠 수 있으므로 피하는 것이 좋답니다.

## 가루 섞기

**5.** 체 쳐둔 박력분을 한 번 더 체 쳐 넣고 볼 주변을 빙 둘러가며 훑어서 가루들을 가운데로 모아 주걱으로 서너 번 정도 가볍게 뒤섞어주세요.

**6.** 남은 가루를 마저 체 쳐 넣고 볼 바닥을 쓸어 엎어가면서 큰 동작으로 힘 있게 뒤엎어가면서 섞어주세요. 가루는 한 번에 체 쳐 넣는 것보다 두 번으로 나눠 넣는 것이 잘 섞인답니다.

**7.** 가루가 완전히 섞이기 전에 우유를 두 번으로 나눠 넣고 계속해서 섞어줍니다. 이때 우유가 바닥에 고이지 않도록 볼을 기울여 잡고 반죽을 반으로 가르듯 크게 뒤엎어가면서 재빨리 섞어주세요.

**8.** 가루가 모두 흡수되고 부드러운 상태가 되었으면 곧바로 주걱질을 멈추고 볼 주변을 정리해 반죽을 완성합니다. 밀가루를 섞을 때 주걱으로 거칠게 휘젓거나 지나치게 오래 섞으면 스펀지가 폭신폭신하게 부풀지 않고 떡처럼 납작해지니 주의하세요.

## 반죽 붓기

**9.** 버터를 발라둔 밥솥에 반죽을 좌르르 쏟아 부어 좌우로 가볍게 흔들어준 후 주걱으로 살살 긁어가면서 윗면을 평평하게 정리해주세요.

## 굽기

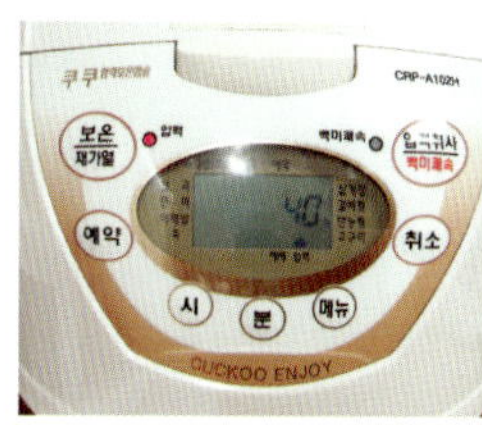 

**10.** 찜기능으로 40분(또는 취사 2회) 구워주면 완성된답니다. 취사 2회란 한 번의 취사가 끝난 후 자동으로 넘어간 보온 모드를 취소시킨 다음 다시 한 번 취사 버튼을 눌러주는 것을 말해요. 케이크가 완성될 때까지는 절대로 중간에 뚜껑을 열지 마세요.

호두, 땅콩, 대추, 오트밀, 아몬드, 코코넛과 같은 고소한 견과류와

통밀가루, 호밀가루, 콩가루, 미숫가루와 같은 다양한 곡물에 이르기까지

친숙하고 건강한 재료를 이용하여 만든 쿠키가 모두 모였답니다.

# PART 1

## 견과류를 넣은
# 고소한 쿠키

# 아몬드 초코칩 쿠키

고소한 아몬드가루를 듬뿍 넣어 만들었기 때문에 일반 쿠키보다 맛이 한층 고급스럽구요,
달콤한 초코칩과 고소한 슬라이스 아몬드의 씹히는 맛이 함께 어우러져 더욱 맛있답니다.

**TIP** 반죽이 익은 후 바로 꺼내면 촉촉한 쿠키가 되고요, 수분이 충분히 날아가도록 조금 더 구워주면 바삭한 쿠키가 된답니다.

**1** 실온에서 말랑해진 버터를 부드럽게 풀어준 후 설탕, 소금을 3~4회로 나눠 넣어가면서 촉촉하게 섞어주세요.

**2** 계란을 깨 넣고 버터가 뭉치지 않도록 충분히 섞어주세요.

**3** 박력분, 아몬드가루, 베이킹파우더를 한데 섞어 체 쳐 넣고 주걱날을 세워 칼질하듯 금을 그어가며 섞어주세요.

**4** 가루가 살짝 덜 섞였을 때 슬라이스 아몬드와 초코칩을 넣고 반죽을 잘라 뒤엎어가면서 가볍게 섞어주세요.

**5** 가루가 모두 흡수되고 아몬드와 초코칩이 골고루 분산되었으면 주걱질을 곧바로 멈추고 한덩이로 모아주세요.

**6** 위생비닐로 반죽을 감싸 납작하게 눌러준 후 칼로 눌러 16등분 해주세요.

**7** 등분된 반죽을 손바닥에 가볍게 둥글린 후 팬에 놓고 납작하게 눌러 모양을 잡아주세요.

**8** 팬 뚜껑을 닫고 1/2약불에서 15~20분간 굽다가 바닥이 짙은 갈색이 돌면 불꽃 크기를 조금 더 작게 줄이고 뒤집어서 약 5분간 구워주세요.

**9** 하나를 쪼개봐서 속이 다 익었으면 꺼내서 식혀주고, 덜 익었으면 타지 않게 뒤집어가면서 조금 더 구워주세요.

요건 슈퍼에서 파는 곡물 쿠키를 보고 힌트를 얻어 만들어 본 쿠키인데요,
살짝 거친 맛을 주는 통밀과 고소한 호두가 함께 어우러져 전혀 느끼하지 않아 한번 맛보면 자꾸만
손이 가는 쿠키랍니다.

**재료 | 50개 분량**

| | | | |
|---|---|---|---|
| 박력분 | 100g | 호두 | 1/2컵 |
| 통밀가루 | 100g | 검은깨 | 1T |
| 버터 | 80g | | |
| 설탕 | 80g | | |
| 소금 | 1/4t | | |
| 계란 | 1개 | | |

**준비**

• 버터, 계란은 쓰기 전에 냉장고에서 미리 꺼내두세요.
• 호두는 팬에 구운 후 식혀두세요.


**TIP** 모양은 꼭 삼각형이 아니어도 상관없으니 다양한 모양의 쿠키틀을 이용하여 아이들과 함께 재미있게 만들어보세요^^

**1** 실온에서 말랑해진 버터를 부드럽게 풀어준 후 설탕, 소금을 3~4회로 나누어 넣으면서 촉촉하게 섞어주세요.

**2** 계란을 깨 넣고 버터가 뭉치지 않도록 충분히 섞어주세요.

**3** 박력분, 통밀가루를 한데 섞어 체 쳐 넣고 주걱날을 세워 칼질하듯 잘라가며 섞어주세요.

**4** 가루가 완전히 섞이기 전에 호두와 검은깨를 넣고 한곳에 뭉치지 않도록 가볍게 섞어줍니다.

**5** 마른 가루들이 모두 흡수되면 반죽을 한 덩이로 모아주세요. 손으로 눌러서 묻어나는 것 없이 말끔하면 잘된 거예요.

**6** 넓게 자른 위생비닐에 반죽을 둘로 나누어 담고 약 5mm 두께로 밀어준 후 냉장고에 넣고 굳혀주세요.

**7** 반죽이 단단해졌으면 윗비닐을 걷어내고 칼로 눌러 삼각형 모양으로 잘라주세요.

**8** 반죽을 하나씩 떼어내어 프라이팬에 가지런히 배치해주세요.

**9** 팬 뚜껑을 닫고 1/2약불에서 15~20분가량 굽다가 바닥이 짙은 갈색이 돌면 뒤집어서 3~5분간 구워주세요.

# 호밀 쿠키

백밀가루 양을 줄이고 호밀가루를 듬뿍 섞어 만들어 건강에 조금 더 가까이 갈 수 있도록 했어요.
일반 쿠키에서는 느낄 수 없는 호밀 특유의 고소한 맛과 식감이 은근히 매력적인 쿠키랍니다.

**재료 | 24개 분량**

| | |
|---|---|
| 박력분 .........120g | 계란 ...............1개 |
| 호밀가루 ....100g | 참깨 ...............4T |
| 버터 .............80g | |
| 설탕 .............80g | |
| 소금 .............1/4t | |

**준비**

버터, 계란은 쓰기 전에 미리 냉장고에서 꺼내두세요.


**TIP** 호밀가루 대신에 통밀가루를 넣으면 고소한 통밀 쿠키가 된답니다^^

**1** 실온에서 말랑해진 버터를 부드럽게 풀어준 후 설탕, 소금을 넣고 설탕이 살짝 녹을 만큼 잘 섞어주세요.

**2** 계란을 깨 넣고 느른함이 없어질 때까지 충분히 섞어주세요.

**3** 박력분과 호밀가루를 한데 섞어 체 쳐 넣은 후 참깨를 넣고 주걱날을 세워 칼질하듯 금을 그어가며 뒤엎어주세요.

**4** 밀가루가 모두 흡수되고 나면 주걱질을 곧바로 멈추고 반죽을 한 덩이로 모아주세요(손으로 눌러서 반죽이 묻어나지 않고 손자국이 깔끔하게 찍히면 ok!).

**5** 넓게 자른 위생비닐에 반죽을 놓고 약 5mm 두께로 밀어준 후 냉장고에 넣고 20~30분간 굳혀주세요.

**6** 냉장고에서 단단해진 반죽을 꺼내 꽃모양 틀로 찍어줍니다. 찍고 난 자투리 반죽은 가볍게 뭉친 후 다시 한번 밀어서 찍어주세요.

**7** 모양틀에 밀가루를 묻혀가면서 찍어주면 반죽이 깔끔하게 찍힌답니다.

**8** 찍어낸 반죽은 바로바로 팬에 배치하고 이쑤시개에 밀가루를 묻혀가면서 구멍을 뿅뿅 뚫어주세요.

**9** 팬 뚜껑을 닫고 1/2약불에서 15~20분간 구운 후 바닥이 짙은 갈색이 나면 불꽃 크기를 살짝 더 줄인 후 뒤집어서 약 5분간 구워주세요.

# 대추 호두 쿠키

우리 전통음식인 약식에 들어가는 재료에서 힌트를 얻어 만들어본 쿠키예요.
달콤한 대추와 고소한 호두, 그리고 은은한 계피향이 너무나 잘 어울리고요,
어린아이들뿐만 아니라 어르신들까지도 부담 없이 즐길 수 있는 쿠키랍니다.

**1** 대추는 깨끗하게 씻은 후 씨를 발라내고 잘게 썰어주세요.

**2** 실온에서 말랑해진 버터를 부드럽게 풀어준 후 설탕, 소금을 넣고 잘 섞어주세요.

**3** 여기에 계란을 깨 넣고 충분히 섞어주세요.

**4** 박력분, 베이킹파우더, 계피가루를 한데 섞어 체 쳐 넣고 주걱날을 세워 자르듯 뒤엎어가며 섞어주세요.

**5** 밀가루가 거의 다 섞였을 무렵 다져둔 대추와 호두를 넣고 한곳에 뭉쳐 있지 않도록 고루 섞어주세요.

**6** 마른 가루들이 모두 흡수되고 나면 볼 주변을 정리해서 반죽을 한 덩이로 모아주세요.

**7** 넓게 자른 위생비닐에 반죽을 놓고 가볍게 눌러준 후 칼로 눌러 16등분 해주세요.

**8** 반죽을 손바닥으로 가볍게 둥글려준 후 팬에 놓고 납작하게 눌러주세요.

**9** 팬 뚜껑을 닫고 1/2약불에서 15~18분가량 굽다가 바닥이 짙은 갈색이 돌면 뒤집어서 약 5분간 구워주세요.

오트밀 쿠키



몸에 좋은 오트밀에 고소한 아몬드가 듬뿍~
그만큼 버터와 밀가루의 양이 상대적으로 적게 들어가기 때문에
전혀 느끼하지 않고 씹는 맛도 최고인 그야말로 아주 건강하고 착한 쿠키랍니다.

**1** 건포도는 가위로 두 동강 내고 아몬드는 팬에 미리 한번 구워 오트밀과 함께 준비해주세요.

**2** 실온에서 말랑해진 버터를 부드럽게 풀어준 후 설탕, 소금을 넣고 섞어주세요.

**3** 계란을 깨 넣고 재료들이 잘 섞일 수 있도록 충분히 섞어줍니다.

**4** 박력분, 베이킹파우더를 한데 섞어 체쳐 넣고 주걱날을 세워 칼질하듯 반죽을 잘라가며 섞어주세요.

**5** 가루가 완전히 섞이기 직전에 오트밀, 아몬드, 건포도를 넣고 계속해서 칼질하듯 뒤엎어가면서 섞어줍니다.

**6** 반죽을 위생비닐에 놓고 가볍게 뭉친 후 칼로 눌러 16등분 해주세요.

**7** 등분된 반죽을 손바닥에 놓고 가볍게 둥글린 후 팬에 놓고 납작하게 눌러 모양을 잡아주세요.

**8** 팬 뚜껑을 닫고 1/2약불에서 15~20분간 굽다가 바닥이 짙은 갈색이 돌면 불꽃 크기를 조금 더 작게 줄이고 뒤집어서 약 5분간 구워주세요.

**9** 앞뒤로 타지 않게 노르스름 잘 구워졌으면 꺼내서 식혀주세요. 쿠키는 식어야 바삭해진답니다.

# 콩가루 볼

작고 귀여운 콩알 모양을 흉내 내서 만든 콩지푸 콩가루 볼이에요.
한입에 쏙 들어가는 앙증맞은 크기가 너무나 사랑스럽구요,
볶은 콩가루의 고소한 맛이 입 안 가득 퍼지면서 씹는 순간부터 아주 건강해지는 기분이랍니다^^

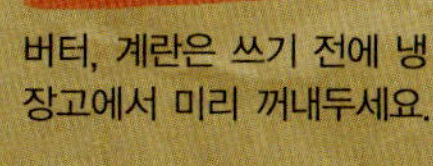

**1** 실온에서 말랑해진 버터를 부드럽게 풀어준 후 설탕, 소금을 3~4회로 나누어 넣어가면서 촉촉하게 섞어주세요.

**2** 계란을 깨 넣고 버터가 뭉치지 않도록 충분히 섞어주세요.

**3** 박력분, 볶은 콩가루, 베이킹파우더를 한데 섞어 체 쳐 넣고 검은깨와 함께 주걱으로 칼질하듯 섞어주세요.

**4** 가루가 어느 정도 흡수되고 나면 주걱을 짧게 잡고 콕콕 찍어가면서 섞어줍니다.

**5** 마른 가루가 모두 흡수되고 나면 반죽을 한 덩이로 모아주세요.

**6** 넓게 자른 위생비닐에 반죽을 담고 가볍게 뭉친 후 손바닥으로 눌러 사각 형태로 만들어주세요.

**7** 칼로 눌러 너무 크지 않도록 적당히 등분해주세요.

**8** 반죽을 손바닥으로 가볍게 굴려 동그랗게 만든 후 팬에 간격을 두고 배치해주세요.

**9** 팬 뚜껑을 닫고 1/2약불에서 15~20분가량 굽다가 바닥이 짙은 갈색이 돌면 뒤집어서 3~5분간 구워주세요.

# 미숫가루 쿠키

더운 여름, 시원하게 갈증을 해소시켜주는 최고의 건강음료 미숫가루.
몸에 좋은 미숫가루를 음료로만 드신다고요? 이젠 고소한 쿠키로도 즐겨보세요.
다양한 곡물이 듬뿍 혼합된 미숫가루의 고소하고 건강한 맛이 그대로 느껴진답니다.

**재료 | 24개 분량**

| | | | |
|---|---|---|---|
| 박력분 | 100g | 계란 | 1개 |
| 미숫가루 | 80g | 검은깨 | 1T |
| 버터 | 80g | | |
| 설탕 | 80g | | |
| 소금 | 1/4t | | |

**준비**

버터, 계란은 쓰기 전에 냉장고에서 미리 꺼내두세요.


**TIP** 미숫가루 대신 선식을 이용하셔도 좋답니다.

**1** 실온에서 말랑해진 버터를 부드럽게 풀어준 후 설탕, 소금을 3~4회로 나누어 넣어가면서 촉촉하게 섞어주세요.

**2** 계란을 깨 넣고 버터가 뭉치지 않도록 충분히 섞어주세요.

**3** 박력분, 미숫가루를 한데 섞어 체 쳐 넣고 검은깨를 넣은 후 주걱날을 세워서 칼질하듯 금을 그어가며 섞어주세요.

**4** 가루가 모두 흡수되고 나면 한 덩이로 모아주세요. 손으로 눌러봤을 때 묻어나는 것이 없으면 딱 좋은 상태예요.

**5** 반죽을 넓게 자른 위생비닐에 놓고 약 5mm 두께로 밀어준 후 냉장고에 넣고 20~30분간 굳혀주세요.

**6** 반죽이 단단해졌으면 윗비닐을 걷어내고 원형틀로 찍어줍니다.

**7** 한쪽이 막힌 틀을 사용할 경우 반죽이 잘 안 빠질 때가 있는데요, 이때는 반죽 한쪽을 안으로 밀어넣은 후 다른 한쪽을 잡고 꺼내주면 쉽답니다.

**8** 찍어낸 반죽을 팬에 가지런히 배치한 후 빨대로 구멍을 뚫어주세요. 빨대를 살짝 비틀면서 빼내주면 구멍이 깨끗하게 뚫린답니다.

**9** 팬 뚜껑을 닫고 1/2약불에서 15~20분가량 굽다가 바닥이 짙은 갈색이 돌면 뒤집어서 5분간 구워주세요.

# 통아몬드 쿠키

고소한 아몬드가루가 듬뿍 들어갔을 뿐만 아니라 아몬드를 통째로 넣어 알알이 박혀 있는,
모양도 예쁘고 오독오독 씹히는 통아몬드의 식감이 또 하나의 재미를 주는 쿠키랍니다.
아몬드를 좋아하는 분들이라면 꼭 한번 만들어보세요^^

**재료 | 20개 분량**

| | |
|---|---|
| 박력분 ........200g | 계란 .............1개 |
| 아몬드가루....80g | 통아몬드.........1컵 |
| 버터............100g | |
| 슈가파우더....80g | |
| 소금 .............1/4t | |

**준비**

버터, 계란은 쓰기 전에 냉장고에서 미리 꺼내두세요.


**TIP** 아몬드가 통째로 들어간 통아몬드 쿠키는 수분이 충분히 날아가게 최대한 바짝 구워줄수록 더욱 고소한 쿠키가 된답니다^^

**1** 실온에서 말랑해진 버터를 부드럽게 풀어준 후 슈가파우더, 소금을 3~4회로 나누어 넣으면서 촉촉하게 섞어주세요.

**2** 계란을 깨 넣고 버터가 뭉치지 않도록 충분히 섞어주세요.

**3** 박력분, 아몬드가루를 체 쳐 넣고 주걱날을 세워서 칼질하듯 금을 그어가며 섞어주세요.

**4** 가루가 완전히 섞이기 전에 아몬드를 넣고 반죽을 잘라 뒤엎어가며 가볍게 섞어주세요.

**5** 가루가 모두 흡수되고 아몬드가 고루 분산되었으면 반죽을 한 덩이로 모아주세요.

**6** 넓게 자른 위생비닐로 반죽을 감싸 가볍게 뭉쳐준 후 납작하게 모양을 잡아 냉동실에 얼려주세요.

**7** 꽁꽁 언 반죽을 실온에 5~10분가량 꺼내두었다가 칼로 눌러 약 5mm 두께로 썰어주세요.

**8** 팬에 가지런히 배치한 후 1/2약불에서 15~20분가량 굽다가 바닥이 짙은 갈색이 돌면 뒤집어서 5분간 구워주세요.

**9** 앞뒤로 타지 않을 만큼 노르스름하게 잘 구워졌으면 꺼내서 식혀주세요. 쿠키는 식으면서 점점 더 바삭해진답니다.

# 코코넛 쿠키

굽는 냄새만으로도 군침이 절로 도는 코코넛 쿠키는 코코넛 특유의 거친 식감과 달콤 고소한 맛 때문에 한번 맛보면 누구나 좋아하게 되는 매력적인 쿠키랍니다.

**재료 | 30개 분량**

박력분.........200g
코코넛가루....80g
버터.............100g
설탕 .............80g
소금 .............1/4t
계란 ...............1개

**준비**

버터, 계란은 쓰기 전에 냉장고에서 미리 꺼내두세요.

**1** 실온에서 말랑해진 버터를 부드럽게 풀어준 후 설탕, 소금을 3~4회로 나눠 넣어가면서 촉촉하게 섞어주세요.

**2** 계란을 깨 넣고 버터가 뭉치지 않도록 충분히 섞어주세요.

**3** 박력분을 체 쳐 넣고 코코넛가루를 넣은 후 주걱날을 세워서 칼질하듯 금을 그어가며 섞어주세요.

**4** 가루들이 어느 정도 섞이고 나면 주걱날을 짧게 잡고 쿡쿡 찍어가면서 섞어줍니다.

**5** 마른 가루가 모두 흡수되고 나면 주걱질을 중단하고 반죽을 한 덩이로 모아주세요.

**6** 넓게 자른 위생비닐에 반죽을 놓고 약 5mm 두께로 밀어준 후 냉장고에서 약 20~30분가량 굳혀주세요.

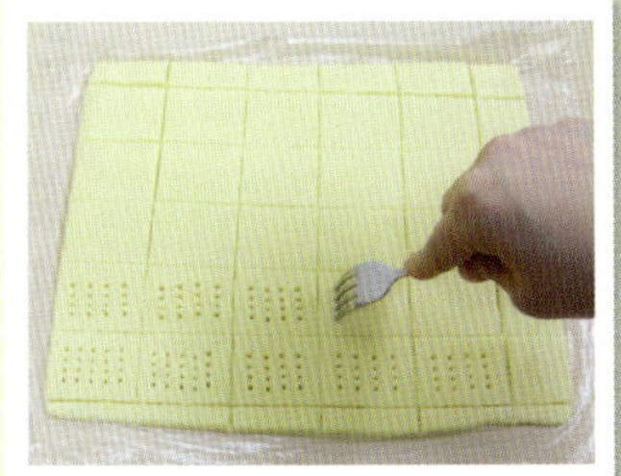

**7** 반죽이 단단해졌으면 냉장고에서 꺼내 윗비닐을 걷어내고 칼로 눌러 적당한 크기로 잘라준 후 포크로 구멍을 뚫어줍니다.

**8** 팬에 약간의 간격을 두고 가지런히 배치한 후 남은 반죽은 물러지지 않도록 냉장고에 대기시켜주세요.

**9** 팬 뚜껑을 닫고 1/2약불에서 15~20분가량 굽다가 바닥이 짙은 갈색이 돌면 뒤집어서 5분간 구워주세요.

# 모카 땅콩 쿠키

고소한 땅콩과 향긋한 커피향이 아주 잘 어울리는 쿠키예요.
통땅콩이 그대로 박혀 있어서 모양도 귀엽고 씹는 맛도 살아 있답니다.

**1** 커피물을 전자레인지에 뜨겁게 데운 후 커피알갱이를 진하게 녹인 후 식혀두세요.

**2** 실온에서 말랑해진 버터를 부드럽게 풀어준 후 슈가파우더, 소금을 3~4회로 나누어 넣으면서 섞다가 계란을 넣고 충분히 섞어줍니다.

**3** 미리 만들어 식혀둔 커피물을 넣고 가볍게 섞어줍니다.

**4** 박력분을 체 쳐 넣고 주걱날을 세워서 칼질하듯 금을 그어가며 섞어주세요.

**5** 가루가 완전히 섞이기 전에 땅콩을 넣고 반죽을 잘라 뒤엎어가며 가볍게 섞어주세요.

**6** 반죽을 둘로 나눈 다음 위생비닐로 감싸 사각 형태로 모양을 잡아준 후 쟁반에 담아 냉동실에 얼려주세요.

**7** 반죽을 보관할때 네모난 호일상자를 이용하면 편리하답니다.

**8** 꽁꽁 언 반죽을 꺼내 5~10분 후 칼로 눌러 약 5mm 두께로 썰어줍니다.

**9** 팬에 가지런히 배치한 후 1/2약불에서 15~20분가량 굽다가 바닥이 짙은 갈색이 돌면 뒤집어서 5분간 구워주세요.

쿠키가 꼭 바삭해야 한다는 고정관념은 버려주세요.
우리 주변에서 흔히 접할 수 있는 단호박, 고구마, 바나나, 두부, 사과, 시금치 등 다양한 채소와 과일들을 넣어
때로는 부드러운 케이크 같기도 하고, 때로는 든든한 빵 같기도 한 쿠키가 얼마든지 가능하답니다.
상대적으로 버터 양을 줄이는 효과까지 있어 더욱 부담없이 즐길 수 있는 쿠키랍니다.

# PART 2

채소, 과일을 넣은
# 촉촉한 쿠키

# 단호박 쿠키

노란 속살만큼 색상이 예쁜 단호박 쿠키는 누구에게나 사랑을 받는 것 같아요.
이 달콤하고 부드러운 단호박을 최대한 많이 넣으려고 노력했고요,
특히 초록색 껍질을 활용하여 특별한 재료 없이 단호박 하나만으로도 장식효과까지 얻게 한
콩지만의 비장의 아이디어 쿠키 중 하나랍니다^^

**1** 단호박은 푹 삶은 후 속살과 껍질을 분리합니다. 노란 속살 부분은 100g 정도 계량해두고, 껍질 부분은 작은 칩 형태로 칼로 잘라 준비해주세요.

**2** 실온에 꺼내두어 말랑해진 버터를 부드럽게 풀어준 후 설탕, 소금을 넣고 촉촉하게 섞어주세요.

**3** 그다음 노른자를 넣고 골고루 섞어주세요.

**4** 노란 단호박 속살을 넣고 가볍게 섞어줍니다.

**5** 박력분, 베이킹파우더를 한데 섞어 체쳐 넣고 주걱날을 세워 칼질하듯 썰어서 뒤엎어가며 섞어주세요.

**6** 가루가 거의 다 섞였을 무렵 단호박 껍질을 넣고 너무 으깨지지 않도록 조심히 뒤섞어줍니다.

**7** 넓게 자른 위생비닐로 반죽을 싸서 납작하게 한 후 칼로 눌러 16등분 해주세요.

**8** 손바닥에 가볍게 둥글린 후 팬에 배치하고, 손끝으로 납작하게 눌러준 후 단호박 껍질로 다시 한번 보기 좋게 장식을 해줍니다.

**9** 반죽을 팬에 배치한 후 1/2약불에서 15분가량 굽다가 뒤집어서 2~3분간 구워주세요.

# 고구마 과자

NO 오븐! NO 버터! NO 밀가루! 그야말로 순수한 고구마만을 이용하여 만든 콩지표 순수 쿠키예요.
겉은 쫀득하고 속은 촉촉하기 때문에 아이부터 어른까지 누구나 부담 없이 즐길 수 있어서
가족이 다 함께 오손도손 먹으면 더 맛있는 간식거리랍니다^^

**1** 고구마 400g은 계란만한 크기로, 약 7개 정도 되는 양이랍니다.

**2** 고구마가 식으면 잘 으깨지지 않으므로 뜨거울 때 포크로 으깨주시고요, 식어서 단단해진 고구마는 전자레인지에 살짝 데워서 사용해주세요.

**3** 노른자, 황설탕, 생크림을 넣고 계속해서 으깨가며 촉촉하고 부드럽게 섞어주세요.

**4** 검은깨(또는 참깨)를 넣고 고루 섞어주세요.

**5** 반죽이 너무 질척해지지 않도록 반죽 상태를 봐가며 생크림으로 질기를 조절하고, 설탕도 입맛에 맞게 적당히 양을 조절해주세요.

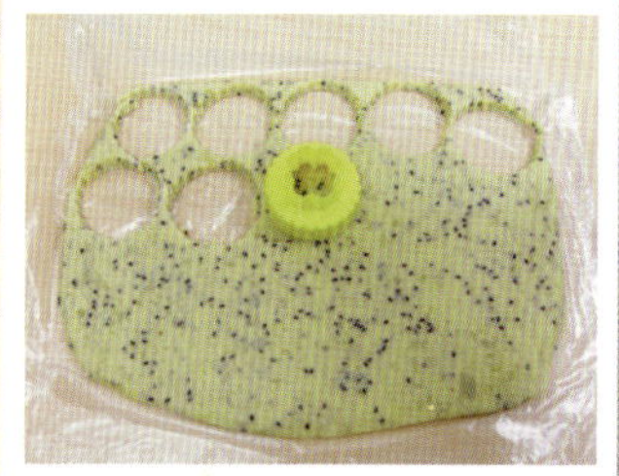

**6** 넓게 자른 위생비닐에 반죽을 담고 너무 얇지 않도록 밀어준 후 원하는 모양으로 찍어주세요.

**7** 찍어낸 반죽은 바로바로 팬에 옮겨 담고 포크로 구멍을 뚫어주세요.

**8** 팬 뚜껑을 닫고 약불에서 약 15분간 굽다가 뒤집어서 2~3분간 구워주세요.

**9** 앞뒤가 타지 않을 만큼 먹음직스러운 갈색으로 구워졌으면 쿠키를 꺼내서 식혀주세요.

# 두부 쿠키

먹을 수 있는 재료는 뭐든지 쿠키가 될 수 있다는 사실. 두부라고 예외는 아니랍니다.
조직이 부드러운 순두부를 이용하여 도톰하게 구워내 폭신하고 촉촉한 빵 같은 느낌을 주는
콩지표 두부 쿠키는 많이 달지 않고 담백해서, 특히 임신 중이던 울 올케언니가 가장 좋아했던
쿠키 중 하나랍니다^^

**재료 | 16개 분량**

| | | | |
|---|---|---|---|
| 박력분 | 200g | 순두부 | 100g |
| 베이킹파우더 | 1/2t | 검은깨 | 2T |
| 버터 | 50g | | |
| 슈가파우더 | 60g | | |
| 소금 | 1/4t | | |
| 노른자 | 1개 | | |

**준비**

버터, 두부는 쓰기 전에 미리 냉장고에서 꺼내두어 냉기를 없애두세요.


**TIP** 슈가파우더 대신 백설탕이나 황설탕을 같은 양으로 넣어주셔도 되지만, 좀 더 부드러운 식감을 원하신다면 슈가파우더를 사용하는 것이 좋답니다.

**1** 순두부는 바구니에 받쳐 최대한 물기를 빼고 준비해주세요.

**2** 실온에 꺼내두어 말랑해진 버터를 부드럽게 풀어준 후 슈가파우더, 소금을 넣고 촉촉하게 섞어주세요.

**3** 그다음 노른자를 넣고 골고루 섞어주세요.

**4** 여기에 물기 뺀 순두부를 넣고 가볍게 섞어줍니다.

**5** 박력분, 베이킹파우더를 체 쳐 넣고 검은깨를 넣은 후 주걱날을 세워 칼질하듯 잘라가며 섞어주세요.

**6** 마른 가루들이 모두 흡수되고 나면 곧바로 주걱질을 멈춰주세요.

**7** 넓게 자른 위생비닐로 반죽을 싸서 약 2cm 정도의 두께로 납작하게 눌러 모양을 잡아주세요.

**8** 칼로 눌러 16등분 해줍니다. 반죽이 질 때는 냉장고에 20~30분간 넣었다가 단단해지면 꺼내서 썰어주세요.

**9** 반죽을 팬에 배치한 후 1/2약불에서 15분가량 굽다가 뒤집어서 2~3분간 구워주세요.

# 시금치 쿠키

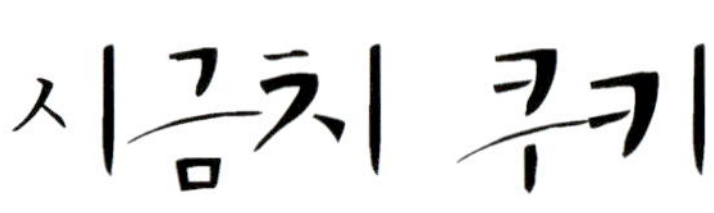

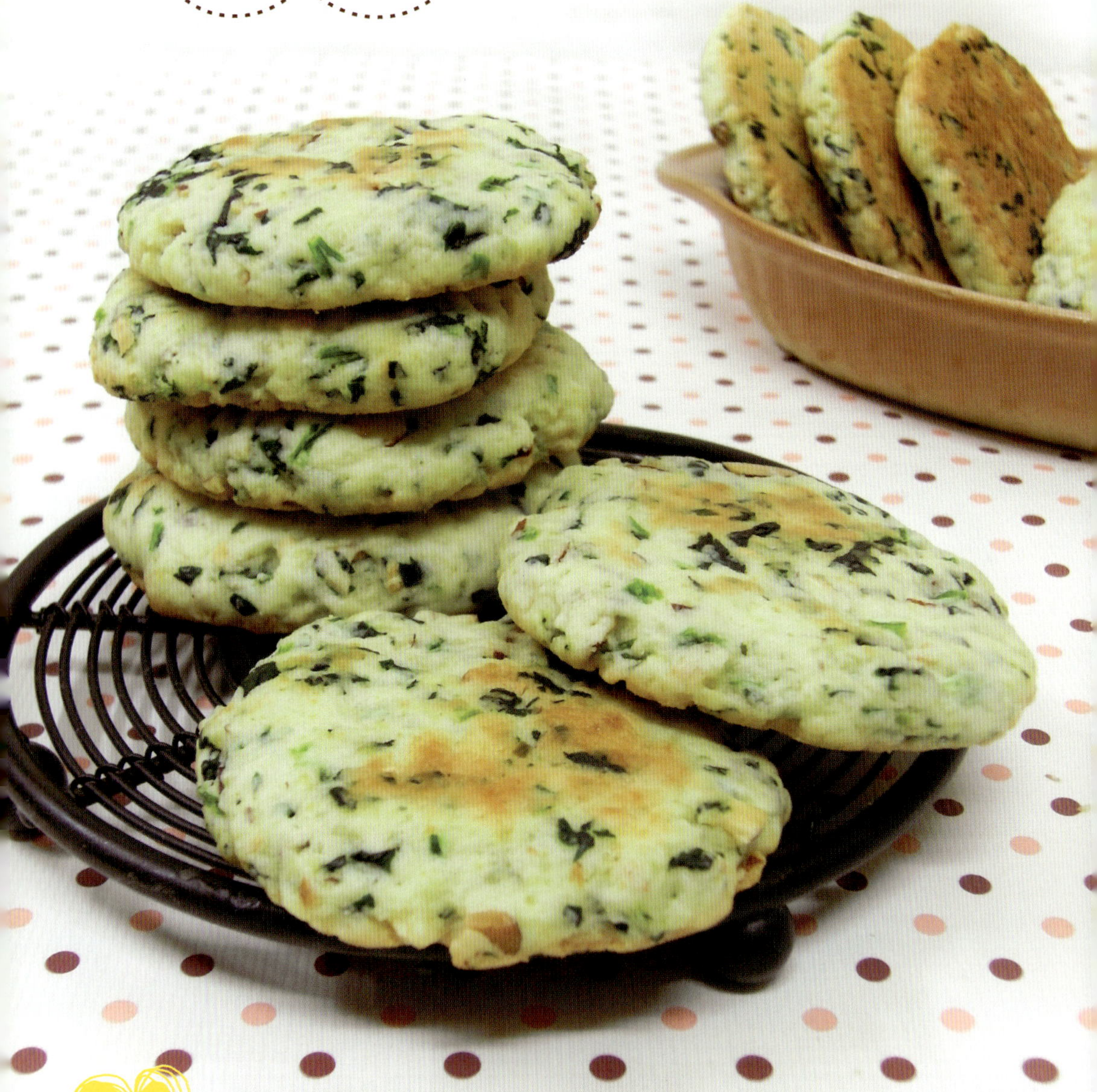

시금치를 싫어하는 아이들 때문에 고민이시라고요?
억지로 먹이려고 하면 거부감만 자꾸 늘어가지요. 이젠 아이들이 좋아하는 쿠키를 활용해보세요.
쿠키에 대한 맛있는 기억으로 인해 시금치에 대한 거부감이 점점 사라지고
금세 친해지게 될 거예요^^

TIP 반죽을 손바닥에 굴리거나 납작하게 모양을 잡아줄 때 자꾸 들러붙는다면 손에 밀가루를 묻혀가면서 작업해주시거나 비닐장갑을 끼고 모양을 잡아주시면 깔끔하답니다.

**1** 시금치는 데친 후 물기를 꼭 짜서 잘게 다져주고, 아몬드는 팬에 살짝 구운 후 잘게 부숴주세요.

**2** 실온에 두어 말랑해진 버터를 덩어리 없이 부드럽게 풀어준 후 설탕, 소금을 넣고 촉촉하게 섞어주세요.

**3** 계란을 깨 넣고 버터가 뭉치지 않도록 충분히 섞어주세요.

**4** 여기에 시금치를 넣고 가볍게 섞어줍니다.

**5** 박력분, 베이킹파우더를 한데 섞어 체쳐 넣고 주걱으로 칼질하듯 금을 그어가며 섞어주세요.

**6** 가루가 완전히 섞이기 전에 아몬드를 넣고 반죽을 반으로 잘라서 뒤엎어가며 고루 섞어주세요.

**7** 넓게 자른 위생비닐로 반죽을 감싸고 납작하게 만든 후 칼로 눌러 16등분 해주세요.

**8** 반죽을 손바닥에 가볍게 굴려준 후 팬에 간격을 두고 배치하고 납작하게 눌러 모양을 잡아주세요.

**9** 팬 뚜껑을 닫고 1/2약불에서 15분가량 굽다가 뒤집어서 2~3분간 구워주세요.

# 브로콜리 채소 쿠키

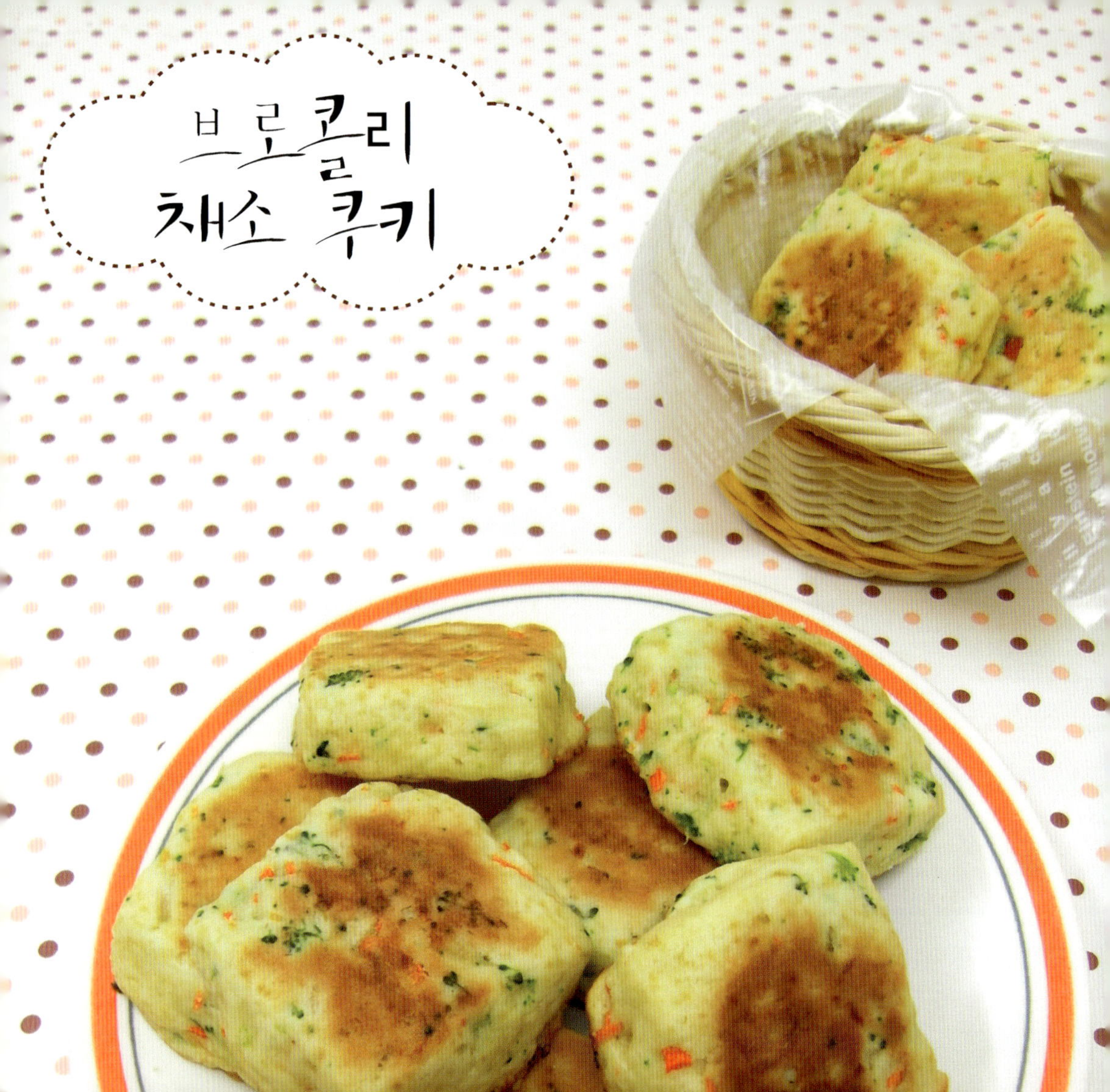

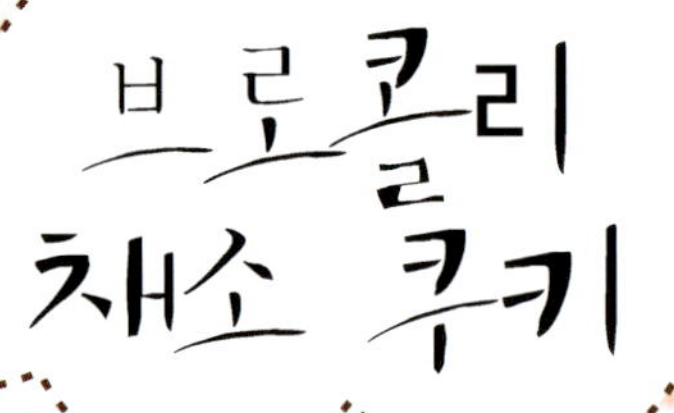

몸에 좋은 채소들을 이용하여 빵처럼 도톰하게 구워내 아주 촉촉하고 부드러운 쿠키예요.
상큼한 초록 브로콜리와 빨간 당근의 알록달록한 색상도 예쁘지만
달콤하고 향긋한 양파는 굽는 향만으로도 온 가족을 행복하게 한답니다.

**재료 | 16개 분량**

| | | | |
|---|---|---|---|
| 박력분 | 200g | 당근 | 1T |
| 베이킹파우더 | 1/2t | 양파 | 1T |
| 버터 | 80g | 브로콜리 | 1T |
| 설탕 | 80g | | |
| 소금 | 1/4t | | |
| 계란 | 1개 | | |

**준비**

• 버터, 계란은 냉장고에서 미리 꺼내두세요.
• 채소도 미리 손질해두세요.


**TIP** 양파처럼 수분이 많은 채소들을 지나치게 많이 넣게 되면 반죽이 너무 질어질 수 있으므로 적당량만큼만 넣어주시는 게 좋답니다^^

**1** 브로콜리는 소금물에 살짝 데친 후 초록꽃 부분만 잘게 다져주세요.

**2** 양파와 당근도 잘게 다져서 브로콜리와 함께 준비해주세요.

**3** 실온에서 말랑해진 버터를 덩어리 없이 부드럽게 풀고, 설탕, 소금을 넣고 섞어줍니다.

**4** 계란을 깨 넣고 재료들이 잘 섞이도록 충분히 섞어주세요.

**5** 박력분, 베이킹파우더를 한데 섞어 체쳐 넣고 주걱날을 세워 칼질하듯 뒤엎어가며 섞어주세요.

**6** 밀가루가 거의 다 섞일 무렵 준비해둔 채소들을 넣고 한곳에 뭉치지 않도록 반죽을 반으로 갈라가며 3~4번만 가볍게 뒤섞어주세요.

**7** 완성된 반죽은 위생비닐로 싸서 도톰하게 눌러준 후 냉장고에 20~30분가량 굳혀줍니다.

**8** 냉장고에서 단단해진 반죽을 꺼내 칼로 눌러 16등분 해주세요.

**9** 반죽을 팬에 배치하고 1/2약불에서 15분가량 굽다가 뒤집어서 2~3분간 구워주세요.

바나나는 달콤하고 부드러운 맛 때문에 베이킹에 가장 자주 쓰이는 과일 중 하나인 것 같아요.
바나나 쿠키는 특히 굽는 향이 너무 좋아서 지나가는 사람을 멈칫하게 만든답니다.
기간 내에 빨리 처리해야 할 바나나가 있다면 지금 당장 만들어보세요^^

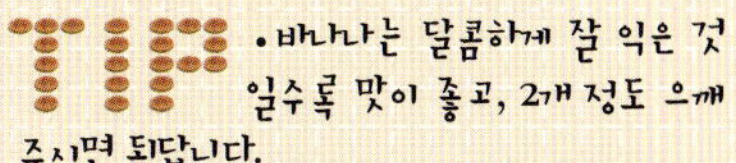

**1** 바나나는 잘 익은 것으로 골라 포크로 으깨주세요.

**2** 실온에 꺼내두어 말랑해진 버터를 부드럽게 풀어준 후 설탕, 소금을 넣고 촉촉하게 섞어주세요.

**3** 계란을 깨 넣고 재료들이 잘 섞이도록 충분히 섞어준 후 으깬 바나나를 넣고 가볍게 섞어주세요.

**4** 박력분, 코코아가루, 베이킹파우더를 한데 섞어 체 쳐 넣고 주걱날을 세워 칼질하듯 금을 그어가며 섞어주세요.

**5** 마른 가루들이 살짝 덜 섞였을 때 초코칩, 호두를 넣고 가볍게 섞어주세요.

**6** 넓게 자른 위생비닐로 반죽을 싸서 납작하게 눌러준 후 냉장고에서 잠시 굳혀주세요.

**7** 살짝 단단해진 반죽을 칼로 눌러 16등분 해줍니다.

**8** 반죽에 밀가루를 묻혀가면서 손바닥으로 살짝 굴려준 후 팬에 놓고 납작하게 모양을 잡아주세요.

**9** 뚜껑을 닫고 1/2약불에서 15분가량 굽다가 뒤집어서 2~3분간 구워주세요.

# 사과 쿠키

사과는 타르트나 빵에 주로 많이 사용되는데요, 쿠키에도 얼마든지 활용이 가능하답니다.
달콤한 사과조림과 향긋한 계피향이 아주 잘 어울리는 사과 쿠키는 어린아이들뿐만 아니라
이가 약하고 단것을 좋아하는 어르신들께도 아주 인기랍니다^^

<table>
<tr><td>

**재료 | 16개 분량**

| 박력분........220g | —사과조림— |
|---|---|
| 베이킹파우더...1/2t | 사과..............1개 |
| 버터..............80g | 황설탕............2T |
| 설탕............60g | 계피가루........1/2t |
| 소금............1/4t | 당근..............40g |
| 계란..............1개 | |

</td><td>

**준비**

• 버터, 계란은 쓰기 전에 미리 냉장고에서 꺼내두세요.
• 사과조림은 미리 만들어 식혀두세요.

</td></tr>
</table>

**1** 사과는 작게 깍둑썰기하여 팬에 담고 황설탕과 버무린 후 센불에서 끓여주세요.

**2** 국물이 거의 다 졸아들면 계피가루와 당근을 넣고 뒤섞어준 후 국물이 완전히 없어질 때까지 졸여줍니다.

**3** 실온에 꺼내두어 말랑해진 버터를 부드럽게 풀어준 후 설탕, 소금을 넣고 촉촉하게 섞어주세요.

**4** 계란을 깨 넣고 재료들이 잘 섞이도록 충분히 섞어주세요.

**5** 박력분, 베이킹파우더를 한데 체 쳐 넣고 주걱으로 칼질하듯 금을 그어가며 섞어주세요.

**6** 가루가 완전히 섞이기 전에 사과조림을 넣고 한곳에 뭉치지 않도록 반죽을 반으로 갈라 뒤엎어가며 고루 섞어주세요.

**7** 넓게 자른 비닐로 반죽을 싸서 납작하게 만든 후 칼로 눌러 16등분 해주세요.

**8** 반죽이 손에 묻지 않도록 위생장갑을 끼고 가볍게 둥글린 후 팬에 놓고 납작하게 눌러 모양을 잡아주세요.

**9** 팬 뚜껑을 닫고 1/2약불에서 15분가량 굽다가 뒤집어서 2~3분간 구워주세요.

# 블루베리 치즈 쿠키

버터뿐만 아니라 오일도 전혀 넣지 않고 크림치즈와 블루베리만을 이용하여 만들었기 때문에
여러 가지 고민거리로부터 자유롭게 해주는 아주 기특한 쿠키예요.
특히 따뜻할 때 먹으면 야들야들 부드러워서 입 안에서 살살 녹는답니다^^

TIP 버터나 오일이 전혀 들어가지 않았기 때문에 너무 오래 굽게 되면 뻣뻣할 수 있으므로 하나를 쪼개봐서 속이 다 익었으면 곧바로 꺼내주시고요, 식은 후에는 전자레인지에 살짝 데워주면 다시 부드러워진답니다.

**1** 블루베리 필링(캔)은 알맹이가 너무 크지 않도록 가위로 가볍게 잘라주세요.

**2** 실온에서 말랑해진 크림치즈를 부드럽게 풀어준 후 황설탕을 넣고 촉촉하게 섞어주세요.

**3** 여기에 노른자를 넣고 재료들을 고루 섞어주세요.

**4** 준비해둔 블루베리를 넣고 가볍게 섞어줍니다.

**5** 박력분, 베이킹파우더를 한데 섞어 체쳐 넣고 주걱날을 세워 칼질하듯 썰어가며 섞어주세요.

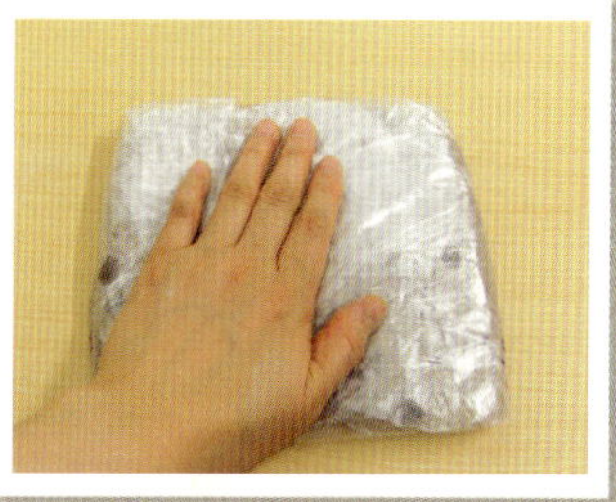

**6** 마른 가루가 모두 흡수되고 나면 위생비닐에 싸서 가볍게 뭉친 후 납작하게 눌러주세요.

**7** 칼로 눌러 16등분 한 후 끈적한 반죽을 밀가루 통에 콕 찍어서 손바닥에 가볍게 굴려준 후 팬에 놓아주세요.

**8** 손끝으로 납작하게 눌러가며 모양을 정리해주세요. 비닐을 덮고 눌러주면 손에 들러붙지 않아요.

**9** 팬 뚜껑을 닫고 1/2약불에서 약 15분간 굽다가 뒤집어서 2~3분간 구워주세요.

# 유자 쿠키

어느 날 콩지가 좋아하는 유자차를 끓이다가 문득 생각하게 된 유자 쿠키.
달콤 쫀득한 유자 속살과 함께 진하게 퍼지는 유자향으로 인해 기분까지 상쾌해지고요,
추운 겨울철 따뜻한 유자차와 함께 드시면 더욱 맛있답니다.

**1** 유자청은 건더기 위주로 계량을 한 후 가위로 잘게 잘라두세요.

**2** 실온에서 말랑해진 버터를 부드럽게 풀어준 후 설탕을 넣고 촉촉하게 섞어주세요.

**3** 계란을 깨 넣고 버터가 뭉치지 않도록 충분히 섞어주세요.

**4** 여기에 잘라둔 유자청을 넣고 가볍게 섞어주세요.

**5** 박력분, 베이킹파우더를 한데 섞어 체쳐 넣고 주걱으로 칼질하듯 잘라가며 섞어주세요.

**6** 가루가 모두 흡수되고 나면 주걱질을 중단하고 반죽을 한 덩이로 모아주세요. 살짝 촉촉한 상태의 반죽이랍니다.

**7** 반죽을 숟가락으로 조금씩 떠서 팬에 놓아주세요.

**8** 숟가락 엉덩이에 밀가루를 묻혀가면서 반죽을 눌러 납작하게 모양을 잡아주세요.

**9** 팬 뚜껑을 닫고 1/2약불에서 15분가량 굽다가 뒤집어서 2~3분간 구워주세요.

# 단팥 쿠키

팥빙수의 계절인 여름이 지나고 나면 남아도는 단팥 때문에 고민인 분들 많으실 거예요.
빙수용 단팥이라고 해서 쿠키가 되지 말라는 법 없겠지요?
조금만 생각을 바꾸면 팥빙수 재료가 순식간에 달콤한 쿠키로 변한답니다.
이제 남아도는 단팥을 냉동실에 보관해두셨다가 1년 내내 달콤하고 촉촉한 쿠키로 즐겨보세요^^

**재료 | 16개 분량**

박력분.........200g
베이킹파우더...1/2t
버터.............100g
설탕.............50g
계란.............1/2개
빙수용단팥...150g

**준비**

• 버터는 쓰기 전에 냉장고에서 미리 꺼내두세요.
• 계란은 그릇에 풀어서 절반만 나누어 담아두세요.


**TIP** 단팥 쿠키는 촉촉해야 맛있기 때문에 너무 오래 구우면 퍽퍽해질 수 있으니 하나를 쪼개봐서 속이 다 익었으면 곧바로 꺼내주세요.

**1** 빙수용 단팥은 소량씩 냉동해뒀다가 필요할 때 해동해서 사용하면 편리하답니다.

**2** 실온에서 말랑해진 버터를 부드럽게 풀어준 후 설탕을 3~4회로 나눠 넣어가면서 촉촉하게 섞어주세요.

**3** 계란을 넣고 버터가 뭉치지 않도록 고루 섞어주세요.

**4** 그다음 단팥을 넣고 재료들을 살짝만 섞어줍니다.

**5** 박력분, 베이킹파우더를 체 쳐 넣고 주걱으로 칼질하듯 잘라가며 고루 섞어주세요.

**6** 마른 가루가 모두 흡수되고 나면 반죽을 한 덩이로 모아주세요. 약간 촉촉한 반죽이에요.

**7** 넓게 자른 위생비닐에 반죽을 담고 납작하게 눌러준 후 칼로 눌러 16등분 해주세요.

**8** 손에 밀가루를 묻혀 반죽을 가볍게 둥글려준 후 팬에 간격을 두고 배치한 다음 납작하게 모양을 잡아주세요. 비닐을 덮고 누르면 손에 묻지 않아요.

**9** 팬 뚜껑을 닫고 1/2약불에서 15분가량 굽다가 뒤집어서 2~3분간 구워주세요.

바삭하고 달콤한 사블레는 맛뿐만 아니라 모양도 예뻐서 선물용으로도 그만입니다.
한가한 주말, 다양한 반죽을 한꺼번에 만들어 냉동실에 가득 보관해두었다가 생각이 날 때 꺼내서
구워 드시면 더욱 쉽고 빠르게 즐길 수가 있답니다.

# PART 3

냉동 반죽을 썰어 굽는
## 바삭한 사블레

검은깨 하나만 넣었을 뿐인데 너무나 고소한 쿠키가 뚝딱 만들어졌어요.
먹기 좋은 당도와 깔끔한 바삭함으로 전혀 느끼하지 않기 때문에 누가 만들어도 맛있답니다.

**재료 | 35개 분량**

박력분.........240g
버터.............100g
슈가파우더....80g
소금 .............1/4t
계란 .............1개
검은깨...........2T

**준비**

버터, 계란은 쓰기 전에 냉장고에서 미리 꺼내두세요.


**TIP**
• 슈가파우더 대신 설탕을 같은 양으로 사용하셔도 돼요.
• 굽는 도중 팬 뚜껑의 물기는 팬 바닥으로 흘러들기 직전에 키친타월로 가볍게 닦아내주세요.

**1** 실온에서 말랑해진 버터는 덩어리 없이 부드럽게 풀어준 후 슈가파우더, 소금을 2~3회로 나누어 넣으면서 부드럽게 섞어주세요.

**2** 그다음 계란을 깨 넣고 충분히 섞어주세요.

**3** 박력분을 체 쳐 넣고 검은깨를 넣은 후 주걱날을 세워 칼질하듯 뒤엎어가며 섞어줍니다.

**4** 밀가루가 모두 흡수되고 나면 주걱질을 곧바로 중단하고 한 덩이로 모아주세요.

**5** 넓게 자른 위생비닐에 반죽을 놓고 가볍게 뭉친 후 기다랗게 모양을 잡아주세요.

**6** 반죽 모양이 흐트러지지 않도록 호일이나 랩 심에 넣고 냉동실에 얼려주세요.

**7** 꽁꽁 언 반죽을 실온에 5~10분간 꺼내두었다가 칼로 눌러 약 5mm 두께로 썰어주세요.

**8** 팬에 가지런히 배치한 후 1/2약불에서 약 15~20분간 구워주세요.

**9** 바닥이 짙은 갈색이 돌면 불꽃 크기를 조금 더 작게 줄인 후 뒤집어서 약 5분가량 구워주세요.

# 녹차 사블레

기분 좋은 초록색과 은은한 녹차향이 매력적인 녹차 사블레는
많이 달지도 않고 적당히 부드러우면서 씹는 맛까지 깔끔해 누구에게나 인기 있는 쿠키랍니다.

**TIP** • 제과전용 녹차가루가 색과 향
이 더욱 곱지만 시중에서 쉽게 구
할 수 있는 녹차가루를 사용해도 괜찮아요~
• 당도를 줄이고 싶다면 반죽에 설탕을 묻히는
과정은 생략해주세요.

**1** 실온에서 말랑해진 버터를 덩어리 없
이 부드럽게 풀어준 후 설탕, 소금을
넣고 촉촉하게 섞어주세요.

**2** 계란을 깨 넣고 재료들이 고루 섞일 수
있도록 충분히 섞어주세요.

**3** 박력분, 녹차가루를 한데 섞어 체 쳐
넣고 주걱날을 세워 칼질하듯 썰거나
뒤엎어가며 섞어주세요.

**4** 밀가루가 모두 흡수되고 나면 곧바로
주걱질을 멈추고 한 덩이로 모아주세
요(손으로 눌러봤을 때 묻어나는 것 없이
손자국이 깔끔하게 찍히면 딱 좋아요).

**5** 반죽을 둘로 나누어서 위생비닐에 놓
고 기다랗게 모양을 잡아주세요.

**6** 반죽을 비닐에 말아 원형이나 사각 형
태로 모양을 잡은 후 냉동실에 얼려주
세요.

**7** 냉동실에서 단단하게 굳은 반죽을 꺼
내 설탕을 뿌린 후 비닐로 감싸 잘 고
정해주세요.

**8** 설탕을 묻히는 동안 적당히 녹은 반죽
을 칼로 눌러 5mm 정도의 두께로 송
송 썰어주세요.

**9** 반죽을 팬에 나란히 배치하고 1/2약불
에서 15~18분가량 굽다가 바닥이 짙
은 갈색이 돌면 불꽃 크기를 살짝 더 줄인
후 뒤집어서 약 5분간 구워주세요.

# 모카 사블레

은은한 커피향이 솔솔 풍기는 공간에 있으면 언제나 기분이 좋아져요.
모카 쿠키를 굽고 나면 집안에 향긋한 커피향이 가득 차서 하루 종일 행복하답니다.
한가로운 주말, 모카 사블레와 함께 평온한 여유를 가져보세요^^

**재료 | 40개 분량**

| | |
|---|---|
| 박력분.........200g | 다크초콜릿....30g |
| 버터............100g | |
| 슈가파우더....60g | —커피물— |
| 소금............1/4t | 물...................1t |
| 노른자..........1개 | 커피.................4t |
| 커피물 ...........1t | |

**준비**

- 버터, 계란은 쓰기 전에 냉장고에서 미리 꺼내두세요.
- 커피물은 미리 만들어 식혀두세요.

**TIP** 당도를 줄이고 싶을 때는 초콜릿을 빼주시거나 반죽에 설탕을 묻히는 과정을 생략해주시면 된답니다.

**1** 물을 전자레인지에 뜨겁게 데우고 커피알갱이를 진하게 녹인 다음 식혀두세요.

**2** 초콜릿을 칼로 잘게 다져주세요. 동전 모양 초콜릿이 사용하기 편하답니다.

**3** 실온에서 말랑해진 버터를 부드럽게 풀고 슈가파우더, 소금을 넣고 섞은 후 노른자를 넣고 부드럽게 섞어주세요.

**4** 여기에 준비한 커피물을 넣고 가볍게 섞어줍니다.

**5** 박력분을 체 쳐 넣고 주걱날을 세워 칼질하듯 금을 그어가며 섞어주세요.

**6** 가루가 거의 다 섞였을 무렵 다져둔 초콜릿을 넓게 뿌려 넣고 반죽을 반으로 갈라 뒤엎어가며 가볍게 섞어줍니다.

**7** 반죽을 둘로 나누어서 각각 위생비닐로 감싼 후 기다랗게 모양을 잡고 쟁반에 담아 냉동실에 얼려주세요.

**8** 꽁꽁 언 반죽을 꺼내 설탕에 힘을 주어 굴린 후 살짝 녹으면 칼로 눌러 약 5mm 두께로 썰어줍니다.

**9** 팬에 가지런히 배치한 후 1/2약불에서 15~20분가량 굽다가 바닥이 짙은 갈색이 돌면 불꽃 크기를 조금 더 줄인 후 뒤집어서 5분간 구워주세요.

# 초코 사블레

진한 초코 사이에 멋스럽게 박혀 있는 아몬드와 새하얀 설탕옷으로 인해 더욱 화사하고 근사한 외모를 자랑하는 초코 사블레는 콩지가 주변에 선물할 때면 절대 빠트리지 않고 만드는 쿠키 중 하나랍니다. 여러분도 초코 사블레의 달콤 쌉싸래한 매력에 푹 빠져보세요^^

**1** 실온에서 말랑해진 버터를 부드럽게 풀고 슈가파우더, 소금을 3~4회로 나누어 넣으면서 섞다가 계란을 깨 넣고 골고루 섞어주세요.

**2** 박력분, 코코아가루를 한데 섞어 체 쳐 넣고 주걱날을 세워 칼질하듯 썰어 뒤엎어가며 섞어주세요.

**3** 가루가 거의 다 섞였을 무렵 아몬드를 넣고 쿡쿡 찔러가며 뒤엎어서 가볍게 섞어주세요.

**4** 넓게 자른 위생비닐에 반죽을 놓고 가볍게 뭉쳐준 후 주걱으로 눌러 2등분 해주세요.

**5** 반죽을 비닐로 싸서 한쪽 끝을 잡고 다른 한 손으로 길게 훑어주면서 기다랗게 모양을 잡아주세요.

**6** 2개의 반죽이 완성되었으면 반죽 모양이 망가지지 않도록 쟁반에 담아 냉동실에 얼려주세요.

**7** 꽁꽁 언 반죽을 꺼내 설탕을 골고루 뿌려가면서 설탕이 잘 고정되도록 힘을 주어 굴려주세요.

**8** 설탕을 묻히는 동안 살짝 녹은 반죽을 약 5mm 두께로 썰어줍니다.

**9** 팬 뚜껑을 닫고 1/2약불에서 15~20분 가량 굽다가 바닥이 짙은 갈색이 돌면 불꽃 크기를 조금 더 줄인 후 뒤집어서 5분간 구워주세요.

달콤한 초콜릿과 고소한 아몬드의 씹히는 맛이 매력적인 쇼콜라 만델은 단면의 무늬가 투박하면서도 자연스러운 느낌을 주기 때문에 특별한 재료 없이도 굉장히 고급스런 느낌이 나는 쿠키랍니다. 초보분들이라면 꼭 한번 도전해보세요^^

| 재료 │ 50개 분량 | |
| --- | --- |
| 박력분.........220g | 아몬드...........30g |
| 버터............120g | 다크초콜릿....30g |
| 설탕 ..............60g | |
| 소금 ..............1/4t | |
| 계란 ..............1개 | |

**준비**
버터, 계란은 쓰기 전에 냉장고에서 미리 꺼내두세요.


TIP 동전 모양 초콜릿이 없을 때는 시판 초콜릿을 사용해도 된답니다.

**1** 초콜릿을 칼로 잘게 다져주세요. 동전 모양의 초콜릿이 사용하기 편리하답니다.

**2** 실온에서 말랑해진 버터를 부드럽게 풀어준 후 설탕, 소금을 3~4회로 나누어 넣으면서 촉촉하게 섞어주세요.

**3** 계란을 깨 넣고 버터가 뭉치지 않도록 충분히 섞어주세요.

**4** 박력분을 체 쳐 넣고 주걱날을 세워 칼질하듯 금을 그어가며 섞어주세요.

**5** 가루가 살짝 덜 섞였을 때 초콜릿과 아몬드를 넓게 뿌려 넣고 한곳에 뭉치지 않도록 반죽을 반으로 갈라가며 고루 섞어주세요.

**6** 넓게 자른 위생비닐에 반죽을 둘로 나누어 담고 길게 모양을 잡은 후 냉동실에 얼려주세요.

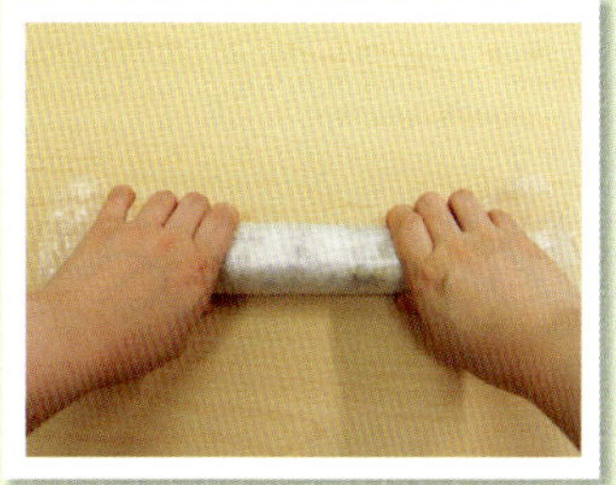

**7** 단단해진 반죽을 꺼내 설탕을 뿌린 후 다시 비닐로 감싸 바닥에 굴려가며 설탕을 고정시켜주세요.

**8** 칼로 눌러 두께 약 5mm 정도로 송송 썰어주세요.

**9** 팬에 가지런히 배치한 후 1/2약불에서 15~20분가량 굽다가 바닥이 짙은 갈색이 돌면 불꽃 크기를 조금 더 작게 줄인 후 뒤집어서 5분간 구워주세요.

# 딸기 사블레

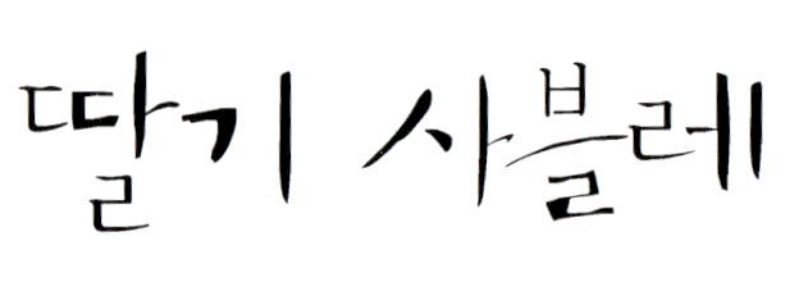

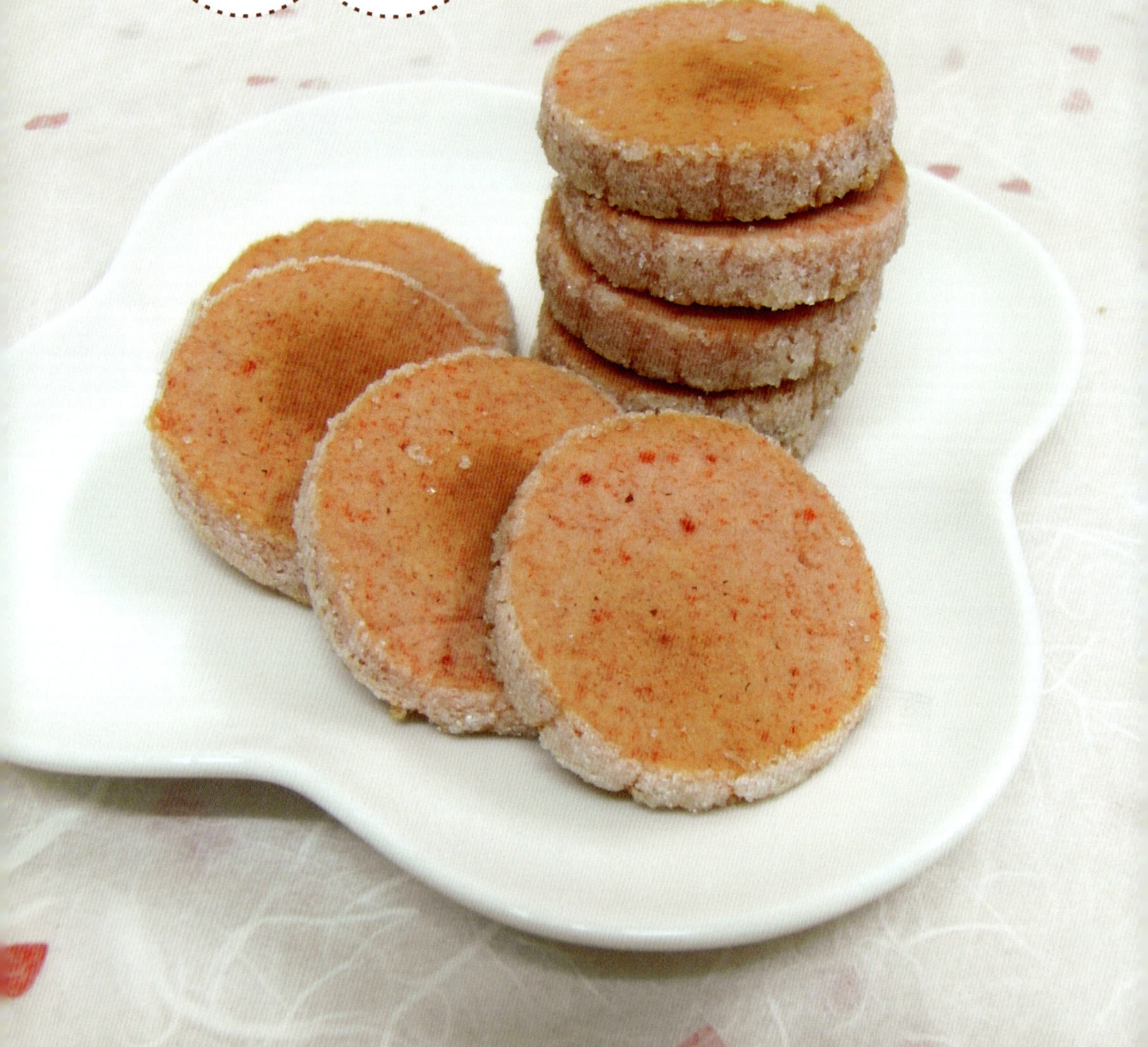

사랑스런 연분홍 빛깔과 달콤한 딸기향이 은은하게 전해지는 딸기 사블레는
핑크빛을 좋아하는 여자친구에게 선물하면 딱 좋은 쿠키가 될 것 같네요^^

**1** 실온에서 말랑해진 버터를 부드럽게 풀어준 후 슈가파우더, 소금을 3~4회로 나누어 넣으면서 촉촉하게 섞어주세요.

**2** 계란을 깨 넣고 버터가 뭉치지 않도록 충분히 섞어주세요.

**3** 박력분과 딸기가루를 한데 섞어 체 쳐 넣고 주걱날을 세워 칼질하듯 섞어줍니다.

**4** 가루가 모두 흡수되면 곧바로 주걱질을 중단하고 반죽을 한 덩이로 모아주세요.

**5** 넓게 자른 위생비닐에 반죽을 둘로 나누어 넣고 기다랗게 모양을 잡아 냉동실에 얼려주세요.

**6** 단단해진 반죽을 꺼내 설탕을 뿌린 후 다시 비닐로 감싸 단단하게 고정시켜주세요.

**7** 칼로 눌러 약 5mm 두께로 송송 썰어주세요.

**8** 팬에 가지런히 배치한 후 1/2약불에서 15~20분가량 굽다가 바닥이 짙은 갈색이 돌면 불꽃 크기를 조금 더 작게 줄인 후 뒤집어서 5분간 구워주세요.

**9** 하나를 쪼개봐서 속이 다 익었으면 꺼내서 식혀주세요.

# 대추 사블레

대추의 달콤함과 계피의 은은한 향이 만나 바삭한 사블레가 되었어요.
우리의 전통 재료가 쿠키에 응용되어
더욱 고급스런 맛으로 재탄생한, 달콤한 동서양의 조화라고나 할까요?
대추 호두 쿠키와는 또 다른 맛, 대추 사블레. 꼭 한번 만들어보세요~

**재료 | 50개 분량**

| | | | |
|---|---|---|---|
| 박력분 | 240g | 계란 | 1개 |
| 계피가루 | 1t | 대추 | 약 15개 |
| 버터 | 100g | | |
| 슈가파우더 | 60g | | |
| 소금 | 1/4t | | |

**준비**

버터, 계란은 쓰기 전에 미리 냉장고에서 꺼내두세요.

**TIP**
- 슈가파우더 대신 설탕을 같은 양으로 사용하셔도 돼요.
- 당도를 줄이고 싶다면 반죽을 설탕에 굴리는 과정은 생략하셔도 됩니다.

**1** 대추는 깨끗하게 씻은 후 씨를 제거하고 잘게 다져주세요.

**2** 실온에서 말랑해진 버터를 부드럽게 풀어준 후 슈가파우더, 소금을 3~4번 나누어 넣어가며 촉촉하게 섞어주세요.

**3** 계란을 깨 넣고 버터가 뭉치지 않도록 충분히 섞어줍니다.

**4** 박력분, 계피가루를 한데 섞어 체 쳐 넣고 주걱날을 세워 칼질하듯 썰어가며 섞어주세요.

**5** 밀가루가 완전히 섞이기 전에 대추를 넣고 한곳에 뭉쳐 있지 않도록 반죽을 잘라가며 가볍게 섞어주세요.

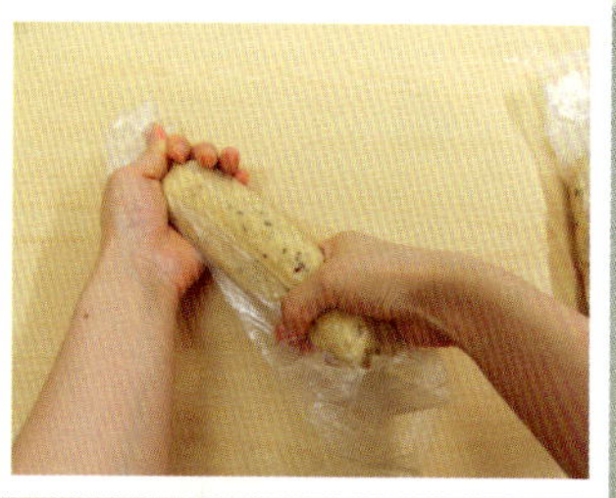

**6** 넓게 자른 위생비닐에 반죽을 둘로 나누어 담고 손으로 훑어주듯 잡아당겨 기다랗게 모양을 잡아줍니다.

**7** 모양이 망가지지 않도록 반죽을 쟁반에 담아 냉동실에 얼려주세요.

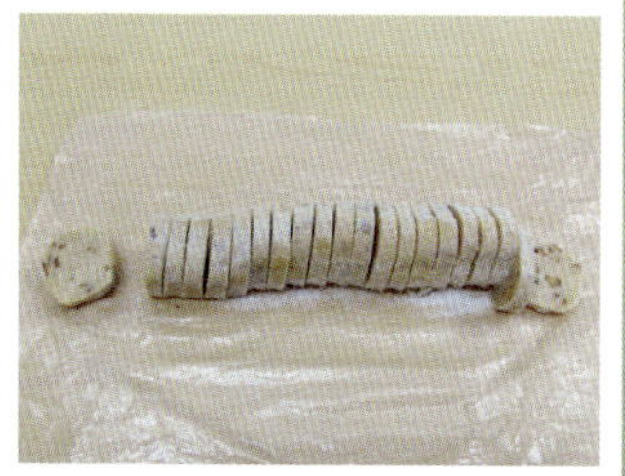

**8** 반죽이 단단해졌으면 냉동실에서 꺼내 설탕 위에 단단하게 굴려준 후 칼로 눌러 약 5mm 두께로 썰어주세요.

**9** 팬에 반죽을 배치한 후 1/2약불에서 15~20분가량 굽다가 바닥이 짙은 갈색이 돌면 불꽃 크기를 살짝 더 줄인 후 뒤집어서 약 5분간 구워주세요.

# 백년초 쿠키

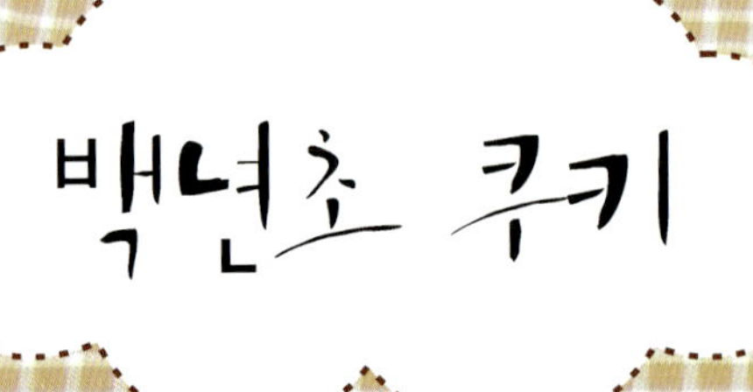

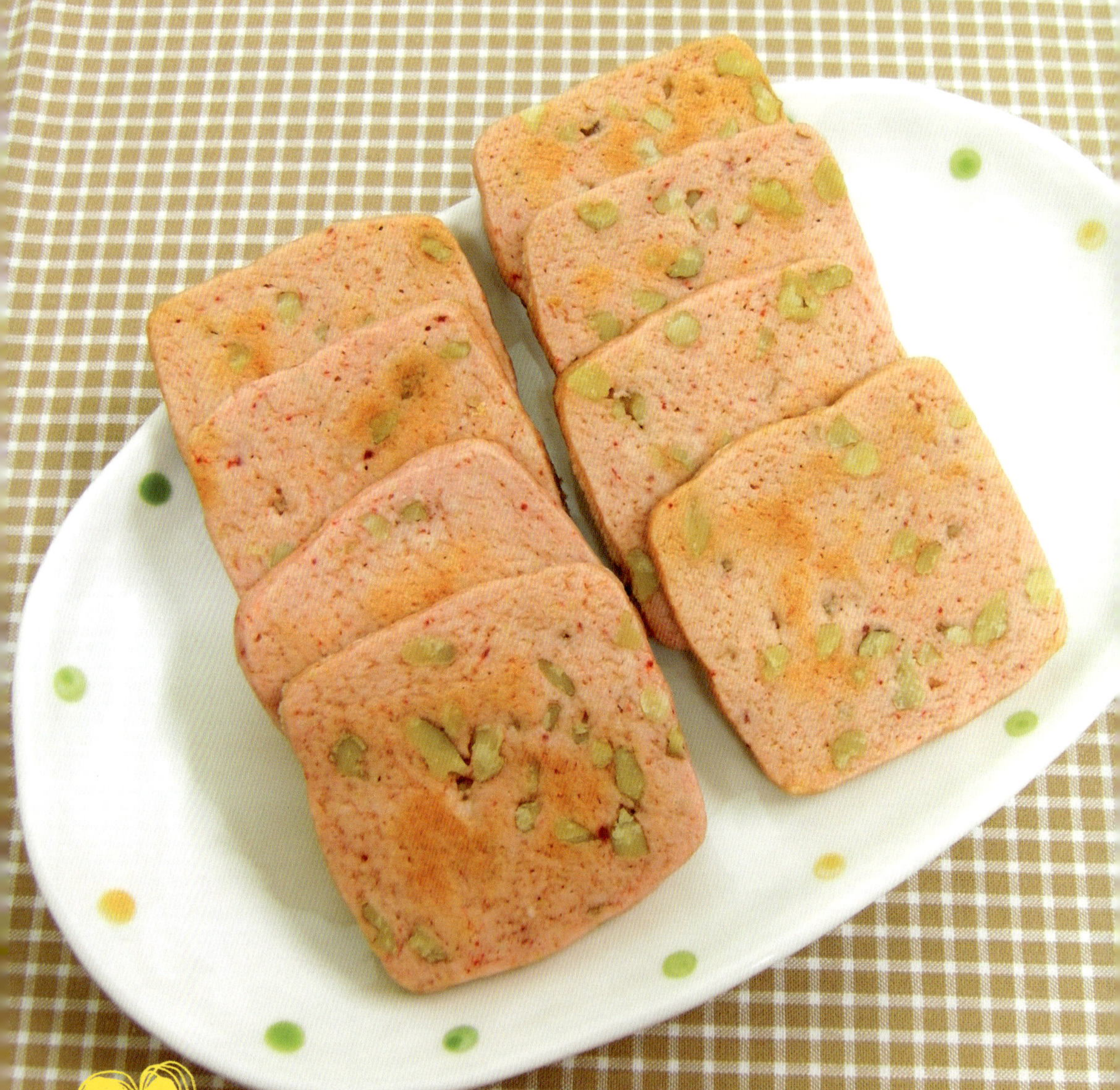

건강한 재료인 만큼 고가인 백년초가루를 넣어 쿠키를 만들어봤어요.
그런데 색도 모양도 마치 햄을 닮은 듯하다는 이웃님들의 말씀에 크게 웃었던 기억이 나네요^^
어르신들께 드리는 선물 목록에 살포시 끼워 넣으면 좋은 고급 쿠키 중 하나랍니다.

**재료 | 25개 분량**

| | |
|---|---|
| 박력분.........220g | 백년초가루.......1T |
| 버터 ..............80g | 호두 ..............60g |
| 설탕 ..............80g | |
| 소금 ...............1/4t | |
| 계란 ...............1개 | |

**준비**

버터, 계란은 쓰기 전에 냉장고에서 미리 꺼내두세요.

**1** 백년초가루는 물 1큰술을 넣고 덩어리가 없도록 숟가락으로 으깨가며 개어 두세요.

**2** 실온에서 말랑해진 버터를 부드럽게 풀어준 후 설탕, 소금을 3~4회로 나눠 넣어가면서 촉촉하게 섞어주세요.

**3** 계란을 깨 넣고 버터가 뭉치지 않도록 충분히 섞어주세요.

**4** 물에 개어둔 백년초가루를 넣고 섞어줍니다.

**5** 박력분을 체 쳐 넣고 주걱날을 세워서 칼질하듯 금을 그어가며 섞어주세요.

**6** 가루가 거의 다 섞였을 무렵 호두를 넓게 뿌려 넣고 반죽을 반으로 갈라가며 가볍게 섞어주세요.

**7** 넓게 자른 위생비닐로 반죽을 감싸고 사각 형태로 만든 후 모양이 흐트러지지 않도록 호일이나 랩 상자에 담아 냉동실에 얼려주세요.

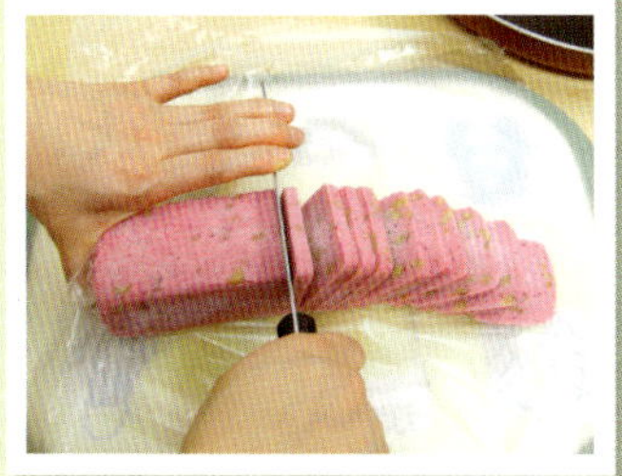

**8** 꽁꽁 언 반죽을 5~10분 정도 실온에 꺼내두었다가 칼로 눌러 약 5mm 두께로 썰어주세요.

**9** 팬에 가지런히 배치한 후 1/2약불에서 15~20분가량 굽다가 바닥이 짙은 갈색이 돌면 불꽃 크기를 조금 더 작게 줄인 후 뒤집어서 5분간 구워주세요.

# 회오리 쿠키

보기만 해도 눈이 빙글빙글 돌 것 같은 재미있는 모양의 회오리 쿠키.
맛을 보기 전부터 아이들을 꺄르르 웃게 만드는 즐거운 쿠키랍니다.
특히 단면을 썰 때 두근두근 서서히 나타나는 회오리 문양을 볼 때면 절로 입가에 미소가 지어지
고, 그 미묘한 행복감이란 직접 겪어본 사람만이 안답니다^^

**재료 | 30개 분량**

| -흰반죽- | -초코반죽- |
|---|---|
| 박력분 .........180g | 박력분 .........150g |
| 버터 .............80g | 코코아가루 ....10g |
| 슈가파우더....60g | 버터 .............80g |
| 소금 .............1/8t | 슈가파우더...60g |
| 계란 ............1/2개 | 소금 .............1/8t |
| | 계란 ............1/2개 |

**준비**

버터, 계란은 냉장고에서 미리 꺼내두세요.

**TIP** 반죽이 너무 통통하게 말리면 나중에 반죽을 썰 때 힘들 수 있으니 주의하세요.

**1** 실온에서 말랑해진 버터를 덩어리 없이 풀어준 후 슈가파우더, 소금을 3~4회 나누어 넣어가며 부드럽게 섞어주세요.

**2** 계란을 넣고 섞다가 박력분을 체 쳐 넣고 칼질하듯 뒤엎어가며 섞어서 흰반죽을 완성합니다.

**3** 같은 방법으로 초코반죽도 완성하여 각각 위생비닐에 담아 납작하게 눌러주세요.

**4** 반죽을 서로 겹쳐놓고 약 5~8mm 두께로 밀어주세요.

**5** 테두리 부분을 살짝 잘라낸 후 반죽이 말리는 첫머리에는 흰반죽을 살짝 더 길게 만들어주세요.

**6** 흰반죽 끝을 초코반죽 위로 살짝 접어 올린 후 비닐을 당겨가며 단단하게 말아줍니다.

**7** 원통형이 되도록 모양을 한번 더 정리한 후 냉동실에 얼려주세요.

**8** 꽁꽁 언 반죽을 꺼내 5~10분 정도 실온에 두었다가 칼로 눌러가며 약 5mm 두께로 썰어주세요.

**9** 반죽을 팬에 배치한 후 1/2약불에서 15~18분가량 굽다가 바닥이 짙은 갈색이 돌면 불꽃 크기를 살짝 더 줄인 후 뒤집어서 약 5분간 구워줍니다.

# 흑마늘 모양 쿠키

이 쿠키는 썰어놓은 단면이 흑마늘을 닮았다는 이웃님들의 의견을 따라 이름을 그렇게 붙여봤답니다. 하지만 흑마늘은 전혀 들어가지 않았으니 오해하지 말아주세요^^
만들기가 조금 어렵긴 하지만 모양도 예쁘고 그만큼 정성이 듬뿍 들어가서 마음을 담은 선물용으로는 그만이랍니다.

**재료 | 30개 분량**

| -흰반죽- | | -초코반죽- | |
|---|---|---|---|
| 박력분 | 150g | 박력분 | 110g |
| 버터 | 80g | 코코아가루 | 15g |
| 슈가파우더 | 80g | 버터 | 80g |
| 소금 | 1/4t | 슈가파우더 | 80g |
| 노른자 | 1개 | 소금 | 1/4t |
| | | 노른자 | 1개 |

**준비**

버터, 계란은 냉장고에서 미리 꺼내두세요.


**TIP** 반죽을 조립할 때 경계면에 물칠을 한 후 붙여주어야 나중에 반죽을 썰 때나 굽고 난후에 서로 분리되지 않는답니다. 반죽이 질 때는 생략 가능해요.

**1** 회오리 쿠키의 반죽 과정(83쪽 참고)에 따라 흰반죽과 초코반죽을 완성한 후 각각 둘로 나눠주세요.

**2** 초코반죽을 길게 늘려준 후 길이에 맞게 흰반죽을 얇게 밀어 펴줍니다.

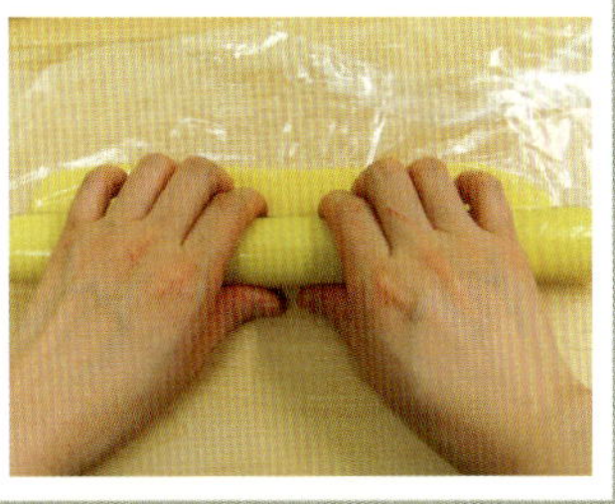

**3** 흰반죽으로 초코반죽을 감싸면서 한 바퀴 말아준 후 남은 길이는 칼로 눌러 잘라주고, 경계면은 손가락으로 눌러 깔끔하게 정리해주세요.

**4** 기다란 반죽을 나란히 놓고 3등분 한 후 단면이 삼각형 모양이 되도록 꼭꼭 집어주세요.

**5** 바닥에 2개의 반죽을 마주 보게 놓고 가운데 토막을 끼워 넣어 반달 모양을 만들어준 후 칼로 눌러 두 토막 내주세요.

**6** 두 토막 난 반죽을 서로 마주대고 원통형으로 만들어준 후 위생비닐로 감싼 뒤 손으로 길게 쓰다듬으면서 모양을 다듬어주세요.

**7** 완성된 반죽은 모양이 흐트러지지 않도록 세로로 세워서 냉동실에 얼려줍니다.

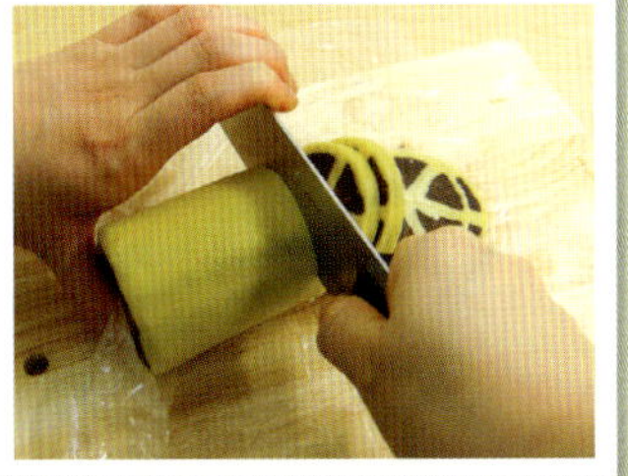

**8** 꽁꽁 언 반죽을 꺼내 5~10분 정도 지난 후 칼로 눌러가며 약 5mm 두께로 썰어주세요.

**9** 반죽을 팬에 가지런히 배치한 후 1/2 약불에서 15~20분간 굽다가 바닥이 짙은 갈색이 돌면 불꽃 크기를 조금 더 줄인 후 뒤집어서 5분간 구워주세요.

초콜릿, 옥수수, 앙금, 모카, 연유, 카레 등 누구나 좋아하는 재료를 적극 활용해
맛도 모양도 다양한 쿠키를 한 자리에 모아봤답니다.
가족과 함께 예쁜 모양의 쿠키들을 만들면서 행복한 시간을 보낼 수도 있고,
특별한 날 선물하기에도 좋은 개성있고 다양한 쿠키들을 만나보세요.

# PART 4

## 누구나 좋아하는
# 다양한 쿠키

# 꿀 검은깨 쿠키

설탕량을 줄이고 꿀을 함께 넣어 촉촉하게 만들어봤어요.
달콤한 초코칩과 함께 검은깨를 넣어주면 보기에도 맛있어 보일 뿐만 아니라
고소하게 씹히는 맛이 아이와 어른, 모두가 좋아하는 쿠키가 된답니다.

**1** 실온에 꺼내두어 말랑해진 버터를 덩어리 없이 풀어준 후 설탕, 소금을 2~3회 나누어 넣으면서 부드럽게 섞어주세요.

**2** 그다음 꿀을 넣고 재료들을 부드럽게 섞어줍니다.

**3** 계란을 깨 넣고 재료들이 고루 섞일 수 있도록 충분히 섞어주세요.

**4** 박력분, 베이킹파우더를 한데 섞어 체쳐 넣고 초코칩, 검은깨를 넣은 후 주걱으로 칼질하듯 썰어가며 섞어주세요.

**5** 마른 가루가 모두 흡수되고 나면 곧바로 주걱질을 멈추고 한 덩이로 모아주세요.

**6** 넓게 자른 위생비닐로 반죽을 싸서 가볍게 뭉쳐준 후 납작하게 만든 다음 16등분 해주세요.

**7** 손바닥으로 가볍게 둥글린 후 팬에 간격을 두고 배치한 다음 납작하게 눌러 모양을 잡아주세요.

**8** 팬 뚜껑을 닫고 1/2약불에서 15분가량 굽다가 바닥이 짙은 갈색이 돌면 불꽃 크기를 조금 줄인 후 뒤집어서 약 5분간 구워주세요.

**9** 하나를 쪼개봐서 속이 다 익었으면 꺼내서 식혀주세요.

# 초콜릿 쿠키

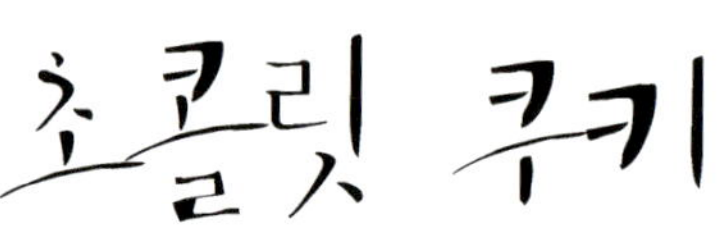

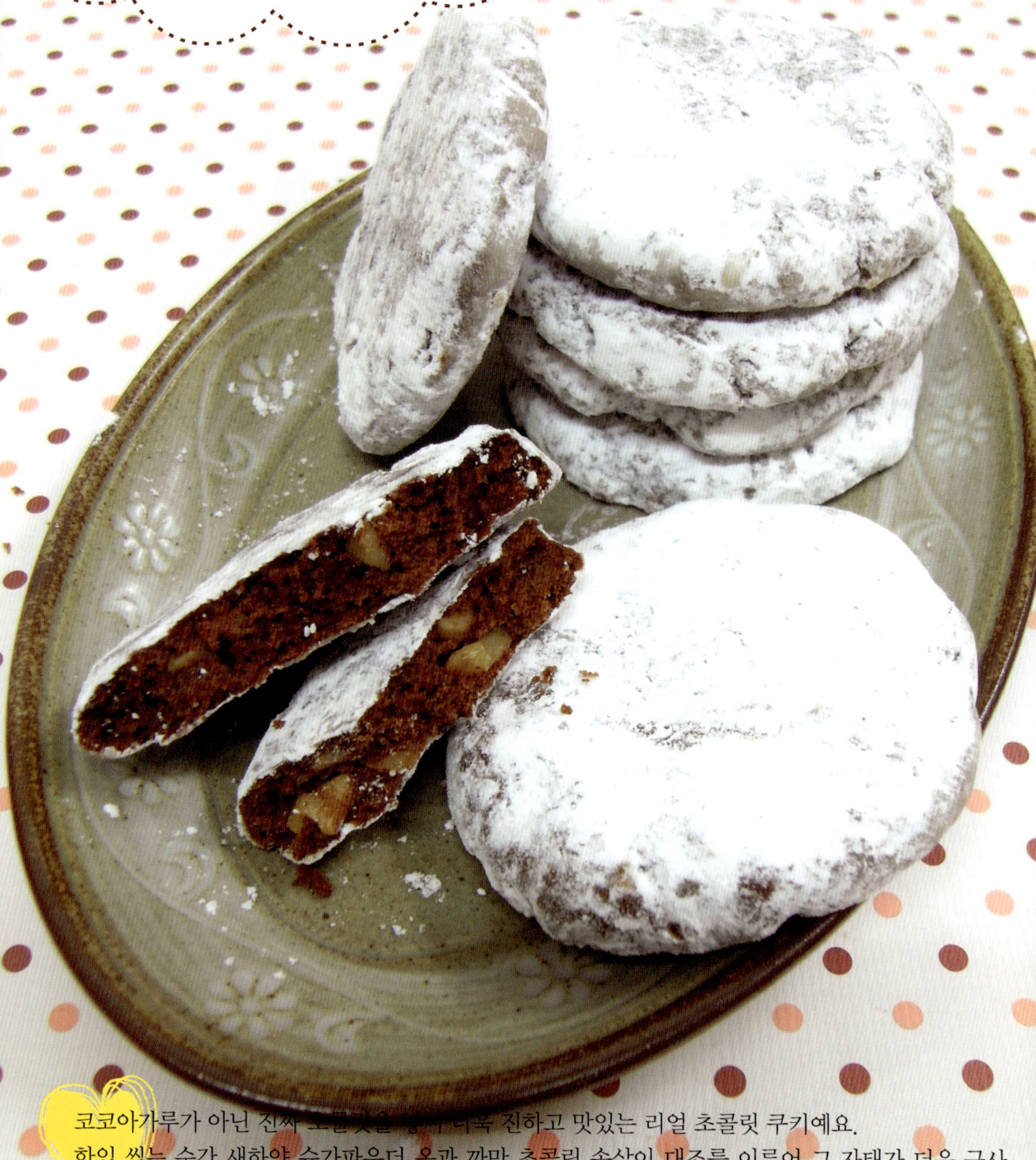

코코아가루가 아닌 진짜 초콜릿을 넣어 더욱 진하고 맛있는 리얼 초콜릿 쿠키예요.
한입 씹는 순간 새하얀 슈가파우더 옷과 까만 초콜릿 속살이 대조를 이루어 그 자태가 더욱 근사하답니다. 달콤하고 진한 쿠키가 생각날 때 꼭 한번 만들어보세요^^

## 재료 | 16개 분량

| | | | |
|---|---|---|---|
| 박력분 | 200g | 호두 | 2/3컵 |
| 베이킹파우더 | 1/2t | 초콜릿 | 100g |
| 버터 | 100g | | |
| 설탕 | 50g | | |
| 소금 | 1/4t | | |
| 계란 | 1개 | | |

## 준비

버터, 계란은 쓰기 전에 미리 냉장고에서 꺼내두세요.

**TIP**
- 동전 모양의 초콜릿 대신 시판 초콜릿을 작게 잘라서 사용해도 됩니다.
- 중탕물이 너무 뜨거워도 초콜릿이 잘 녹지 않으니 주의하세요.

**1** 냄비에 물을 뜨겁게 데운 후 불을 끄고 초콜릿과 버터(50g)를 담은 작은 냄비를 동동 띄워놓고 숟가락으로 저어가면서 부드럽게 녹인 후 식혀주세요.

**2** 또 다른 볼에 버터(50g)를 부드럽게 풀고 설탕, 소금을 넣은 후 계란을 넣고 충분히 섞어주세요.

**3** 미지근하게 식은 초콜릿을 넣고 고루 섞어줍니다.

**4** 박력분, 베이킹파우더를 한데 섞어 체쳐 넣고 주걱으로 칼질하듯 자르고 뒤엎어가며 섞어주세요.

**5** 가루가 완전히 섞이기 전에 호두를 넣고 한곳에 뭉치지 않도록 가볍게 섞어줍니다.

**6** 넓게 자른 위생비닐로 반죽을 싸서 납작하게 눌러준 후 16등분 해주세요.

**7** 등분된 반죽을 손바닥으로 가볍게 둥글려준 후 팬에 놓고 납작하게 눌러 모양을 잡아주세요.

**8** 팬 뚜껑을 닫고 1/2약불에서 15분가량 굽다가 바닥이 짙은 갈색이 돌면 불꽃 크기를 조금 더 줄인 후 뒤집어서 약 3~5분간 구워주세요.

**9** 그냥 먹어도 좋지만 봉지에 넣고 흔들어서 슈가파우더로 코팅해주면 색다른 느낌의 쿠키가 된답니다.

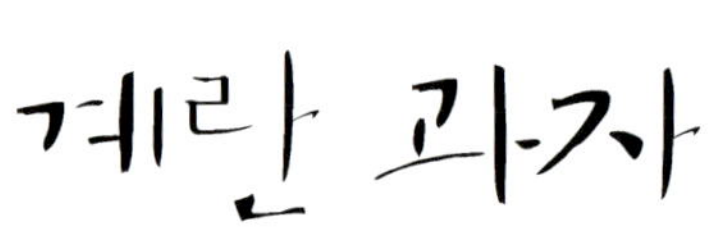

# 계란 과자

고소한 계란향과 부드럽게 씹히는 식감이 매력적인 계란 과자는 어린 시절 누구나 좋아했던 추억의 쿠키 중 하나가 아닐까요? 그 느낌을 살려 콩지 나름대로 재해석해서 만들어봤는데요, 너무 맛있다는 그야말로 대찬사의 후기를 들었던 쿠키랍니다^^

**1** 실온에 꺼내두어 말랑해진 버터를 덩어리 없이 풀어준 후 슈가파우더, 소금을 3~4회 나누어 넣어가면서 부드럽게 섞어주세요.

**2** 여기에 노른자를 넣고 재료들을 고루 섞어주세요.

**3** 박력분, 베이킹파우더를 한데 섞어 체쳐 넣고 주걱날을 세워 칼질하듯 뒤엎어가며 섞어주세요.

**4** 마른 가루들이 모두 흡수되고 나면 곧바로 주걱질을 멈추고 한 덩이로 모아주세요(반죽은 약간 질척한 상태랍니다).

**5** 넓게 자른 위생비닐에 반죽을 놓고 가볍게 뭉쳐서 납작하게 눌러준 후 냉장고에 넣고 굳혀줍니다.

**6** 반죽이 단단해졌으면 칼로 눌러 적당한 크기로 등분해주세요.

**7** 등분된 반죽을 손에 밀가루를 묻혀가며 살짝 둥글납작하게 만들어준 후 팬에 간격을 두고 배치해주세요.

**8** 팬 뚜껑을 닫고 1/2약불에서 15분가량 굽다가 바닥이 짙은 갈색이 돌면 불꽃 크기를 조금 더 줄인 후 뒤집어서 약 5분간 구워주세요.

**9** 윗면을 구울 때 반죽을 생선 굽는 그릴로 옮겨서 노르스름하게 구워주면 더욱 예쁜 모양의 계란 과자가 된답니다.

계란 과자를 만들고 남서 남은 흰자를 어떻게 처리해야 할지 고민되신다고요?
그렇다면 계란 흰자만을 이용하여 만든 코코넛 머랭 쿠키로 간단하게 고민을 해결하세요.
고소하게 씹히는 코코넛 입자와 미니 케이크처럼 부드럽고 폭신한 속살이
입 안에서 살살 녹는답니다^^

**TIP**
• 반죽이 구워지는 동안 부풀어 오르지 않기 때문에 되도록이면 소복하게 반죽을 짜서 구워야 도톰해진답니다.
• 남은 노른자로는 계란 과자(92쪽)를 만들어보세요.

**1** 계란 흰자를 약 2분간 휘핑해서 굵은 거품들이 전체적으로 잔잔해지면 설탕을 2~3회 나누어 넣어가면서 계속 휘핑해주세요.

**2** 거품이 윤기 있고 탱탱한 상태가 되면 휘핑을 멈춰주세요.

**3** 코코넛가루를 2~3회 나누어 넣어가면서 주걱으로 뒤엎으며 섞어줍니다.

**4** 약간 되직한 느낌의 반죽이 완성되었어요.

**5** 기다란 통에 짤주머니를 씌우고 반죽을 조금씩 떠서 빈틈이 없도록 꼼꼼하게 채워주세요.

**6** 버터를 얇게 칠한 프라이팬에 반죽을 동그랗게 짠 후 1/2약불에서 15~20분가량 구워주세요.

**7** 반죽 윗면의 촉촉했던 수분이 사라지고 건조한 상태가 되면 뒤집어서 3~5분가량 구워줍니다.

**8** 하나를 쪼개봐서 속이 다 익었으면 꺼내서 식혀주세요.

**9** 변화를 주고 싶다면 튜브 모양으로 구워도 예쁘답니다.

# 연유 쿠키

설탕 없이 달달하고 고소한 연유를 이용하여 간단하게 만들 수 있는 쿠키예요.
다양한 모양의 틀을 이용하여 아이들과 함께 만들면 더욱 맛있답니다.
여름철 팥빙수를 만들고 남은 연유 때문에 고민이셨다면 이제 고소한 쿠키로 즐겨보세요^^

**재료 | 28개 분량**

박력분..........170g
버터 ............60g
노른자..........1개
연유............100g
소금............1/8t

**준비**

버터와 연유는 차갑지 않도록 냉장고에서 미리 꺼내두세요.

**TIP** 반죽에 연유가 많이 들어가서 다른 쿠키틀보다 쉽게 탈 수 있으니 쿠키가 구워지는 동안 좀 더 세심하게 살펴주세요^^

**1** 실온에서 말랑하게 녹은 버터를 부드럽게 풀어준 후 연유, 소금을 넣고 섞어주세요.

**2** 여기에 노른자를 넣고 재료들을 고루 섞어주세요.

**3** 박력분을 체 쳐 넣고 주걱날을 세워 칼질하듯 썰어가며 섞어주세요.

**4** 가루가 모두 숨으면 주걱질을 곧바로 중단하고 한 덩이로 모아주세요.

**5** 넓게 자른 위생비닐에 반죽을 넣고 약 5mm 두께로 밀어준 후 냉장고에 잠시 굳혀줍니다.

**6** 반죽이 단단해졌으면 윗비닐을 걷어내고 여러 가지 모양으로 찍어내세요.

**7** 모양을 찍고 남은 자투리 반죽은 하나로 모아 가볍게 뭉쳐준 후 다시 한번 모양을 찍어주세요.

**8** 팬 뚜껑을 닫고 1/2약불에서 15분가량 굽다가 바닥이 짙은 갈색이 돌면 불꽃 크기를 조금 더 줄인 후 뒤집어서 약 5분간 구워주세요.

**9** 너무 오래 구우면 딱딱해질 수 있으니 하나를 쪼개봐서 속이 다 익었으면 모두 꺼내서 식혀주세요.

전용 모카 엑기스가 없더라도 집에 흔히 있는 커피만으로도 얼마든지 맛있는 모카 쿠키를 만들 수 있어요. 아무리 간단한 재료들이라도 커피향만 들어가면 아주 근사한 쿠키로 변한답니다.
오늘은 향긋하고 달콤한 모카 초코칩 쿠키의 매력에 푹 빠져보세요^^

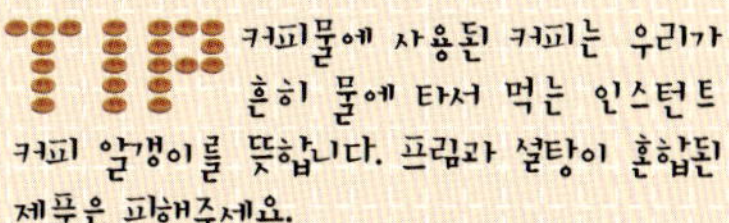

**1** 물을 전자레인지에 뜨겁게 데운 후 커피 알갱이를 진하게 녹인 후 식혀두세요.

**2** 실온에 꺼내두어 말랑해진 버터를 부드럽게 풀고 황설탕, 소금을 2~3회 걸쳐 나누어 넣으면서 약 1분간 섞어주세요.

**3** 계란을 깨 넣고 재료들이 고루 섞일 수 있도록 충분히 섞어주세요.

**4** 여기에 준비해둔 커피물을 넣고 가볍게 섞어주세요.

**5** 그다음 박력분, 베이킹파우더를 한데 섞어 체 쳐 넣고 주걱날을 세워 칼질하듯 썰고 뒤엎어가며 섞어줍니다.

**6** 가루가 완전히 섞이기 전에 초코칩을 넣고 쿡쿡 찍어주듯 잘라가며 마저 섞어주세요.

**7** 넓게 자른 위생비닐로 반죽을 싸서 가볍게 뭉친 후 납작하게 눌러 16등분 해주세요.

**8** 등분된 반죽을 손바닥으로 가볍게 둥글린 후 팬에 놓고 납작하게 눌러 모양을 잡아주세요.

**9** 팬 뚜껑을 닫고 1/2약불에서 15~20분가량 굽다가 바닥이 짙은 갈색이 돌면 불꽃 크기를 조금 더 줄인 후 뒤집어서 5분간 구워주세요.

제과점에 가면 흔히 볼 수 있는 앙금 과자.
집에서 오븐 없이도 초간단 재료를 이용하여 아주 쉽게 만들 수 있다는 사실이 놀랍지 않나요?
입에서 살살 녹는 앙금 과자는 이가 없는 어린아이들 간식으로도 아주 좋을 것 같고요
촉촉하고 달콤하고 부드러워서 저희 할머니께서도 아주 좋아하시는 간식 중 하나랍니다^^

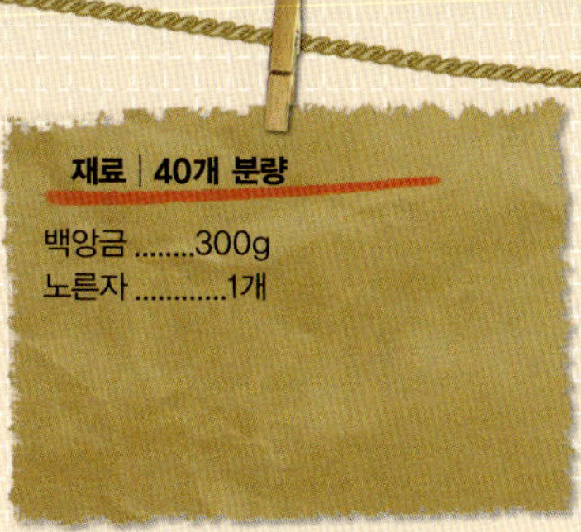

백앙금 ........300g
노른자 ...........1개

준비

프라이팬에 버터나 식용유를 얇게 펴 발라두세요.

**TIP** 백앙금은 시판 제품을 사용하시면 편리하고요, 조가비 모양으로 예쁘게 짜는 요령이 있다면, 깍지를 직각으로 세우고 도톰하게 짜준 후 힘을 빼고 옆으로 살짝 당기듯 빼주면 된답니다.

**1** 백앙금과 노른자를 거품기로 곱게 섞어주세요.

**2** 앙금이 촉촉하고 부드럽게 풀렸으면 주걱으로 깔끔하게 정리해줍니다.

**3** 짤주머니에 깍지를 끼우고 속이 깊은 용기에 씌운 후 반죽을 담아주세요.

**4** 깍지는 별 모양이 아주 촘촘하고 직경이 1cm 정도 되는 것을 사용했답니다.

**5** 버터를 발라둔 프라이팬에 예쁜 조가비 모양으로 짜주세요.

**6** 반죽을 짜고 남은 짤주머니는 입구 부분을 꺾어서 종이컵에 거꾸로 꽂아두면 편리하답니다.

**7** 팬 뚜껑을 닫고 1/2약불에서 15분가량 굽다가 뒤집어서 약 5분간 구워주세요.

**8** 하나를 쪼개봐서 속이 다 익었으면 꺼내서 식혀주세요.

**9** 반죽 바닥을 팬에 굽고 난 후 윗면은 생선 굽는 그릴로 옮겨서 약불에서 노르스름하게 구워주면 색과 모양이 훨씬 근사해진답니다.

# 완두 만쥬

달콤하고 부드러운 앙금이 들어가 특히 어르신들께서 좋아하시는 만쥬.
이제 어렵게 생각 마시고 프라이팬으로 언제든 쉽고 간단하게 만들어서 부모님께 선물해보세요^^

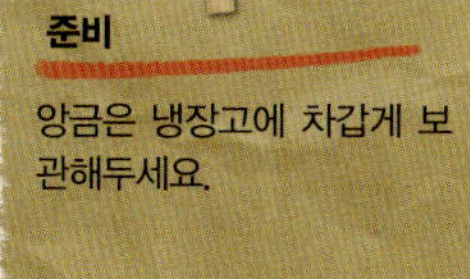



**재료 | 15개 분량**

| | |
|---|---|
| 박력분 ..........170g | 완두앙금......250g |
| 베이킹파우더 ...1/2t | 장식용 검은깨 약간 |
| 계란 ................1개 | |
| 설탕 .............60g | |
| 소금 .............1/8t | |
| 포도씨유 ..........1T | |

**준비**

앙금은 냉장고에 차갑게 보관해두세요.

**TIP** 완두앙금 대신 백앙금, 팥앙금, 고구마앙금 등으로 응용할 수 있고요, 앙금은 실온에 꺼내놓으면 물컹해져서 모양 잡기가 어려우니 쓰기 직전까지 냉장실에 넣어뒀다가 단단한 상태에서 사용하는 게 좋답니다.

**1** 볼에 계란, 설탕, 소금, 포도씨유를 모두 넣고 고루 섞어주세요. 이때 설탕이 잘 녹을 수 있도록 따뜻한 물그릇을 받쳐놓고 섞어주면 시간이 절약된답니다.

**2** 박력분, 베이킹파우더를 한데 섞어 체쳐 넣고 주걱날을 세워 칼질하듯 잘라서 뒤엎어가면서 섞어주세요.

**3** 위생비닐에 반죽을 놓고 기다란 직사각형 모양으로 밀어주세요.

**4** 앙금을 냉장고에서 꺼내 비닐에 감싼 후 한쪽 끝을 잡고 다른 한 손으로 훑어주듯 잡아당겨 기다랗게 모양을 만들어주세요.

**5** 반죽 둘레를 반듯하게 잘라낸 후 앙금을 놓고 비닐을 당겨가며 감싸줍니다.

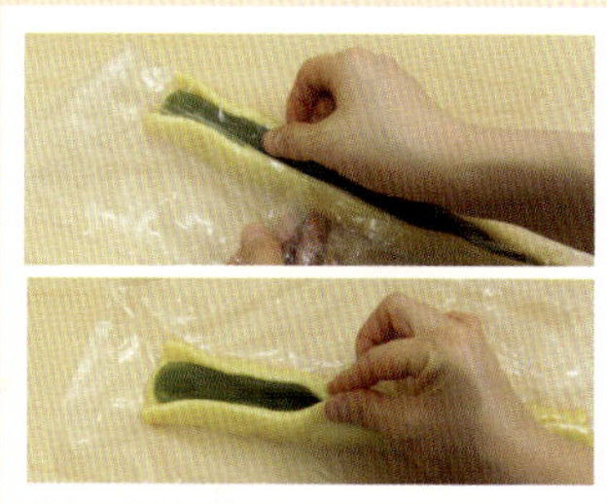

**6** 앙금이 완전히 감싸질 수 있도록 손으로 꾹꾹 눌러준 후 반죽을 오므려 경계선을 봉해주세요.

**7** 칼로 눌러 적당한 길이로 썰어준 후 프라이팬에 배치하고 검은깨를 올려 손으로 꾹 눌러서 장식을 해주세요.

**8** 팬 뚜껑을 닫고 1/2약불에서 15분가량 굽다가 바닥이 짙은 갈색이 돌면 불꽃 크기를 조금 더 줄인 후 뒤집어서 약 5분간 구워주세요.

**9** 반죽을 뒤집기 전에 노른자에 물을 살짝 섞어서 윗면에 발라주면 더욱 예쁜 색이 된답니다.

# 반전 쿠키

기본 반죽을 잘만 활용하면 아주 다양한 맛과 모양의 쿠키를 만들 수가 있답니다.
반죽 사이에 또 다른 색의 반죽을 넣고 밀어서 마치 크림이 샌드된 듯한 느낌을 주는 반전 쿠키는
반죽을 서로 바꿔 색상이 반전되었기 때문에 붙여진 이름입니다.

**1** 실온에서 말랑해진 버터를 부드럽게 풀고 설탕, 소금을 녹이듯 촉촉하게 섞어준 후 계란을 깨 넣고 충분히 섞어주세요.

**2** 박력분을 체 쳐 넣고 칼질하듯 섞다가 가루가 모두 흡수되면 한 덩이로 모아 흰반죽을 완성합니다.

**3** 넓게 자른 위생비닐로 반죽을 싸서 가볍게 감싸준 후 주걱으로 3등분 해서 동그랗게 뭉쳐줍니다. 초코반죽도 같은 방법으로 완성해주세요.

**4** 2개의 흰반죽 사이에 초코반죽 1개를 겹쳐놓고 손바닥으로 눌러서 넓게 펴줍니다.

**5** 밀대로 얇게 밀어서 냉장고에 살짝 굳힌 후 동그랗게 모양을 찍어서 팬에 배치해주세요.

**6** 이쑤시개 끝을 잘라내고 밀가루를 묻혀가면서 구멍을 뚫어주세요.

**7** 팬 뚜껑을 닫고 1/2약불에서 15분가량 굽다가 바닥이 짙은 갈색이 돌면 불꽃 크기를 조금 더 줄인 후 뒤집어서 약 5분간 구워주세요.

**8** 반대로 2개의 초코반죽 사이에 흰반죽 하나를 겹쳐놓고 밀어준 후 냉장고에 넣었다가 처음 반죽이 다 구워지면 꺼내서 모양을 찍어 구워주세요.

**9** 모양을 찍고 남은 자투리 반죽 또한 그대로 냉장고에 넣고 굳혔다가 잘라서 팬에 구워주면 독특한 모양의 쿠키가 된답니다.

카레라이스 좋아하세요? 그렇다면 이번엔 카레 쿠키 한번 드셔보세요.
기분 좋은 카레향이 솔솔 풍기는 바삭하고 고소한 그 맛에 자꾸 찾게 되실거예요^^

**재료 | 25개 분량**

박력분.........180g
카레가루.........1T
베이킹파우더...1/2t
버터 .............80g
설탕 .............80g
계란..............1개

**준비**

버터, 계란은 쓰기 전에 미리 냉장고에서 꺼내두세요.


**TIP** 반죽이 약간 질척한 상태이기 때문에 등분된 반죽을 밀가루 통에 콕 찍어가면서 손바닥에 굴려주면 깔끔하게 작업할 수 있답니다.

**1** 실온에서 말랑해진 버터를 부드럽게 풀고 설탕을 녹이듯 촉촉하게 섞은 후 계란을 깨 넣고 충분히 섞어주세요.

**2** 박력분, 카레가루, 베이킹파우더를 한데 섞어 체 쳐 넣고 주걱날을 세워 칼질하듯 썰며 섞어주세요.

**3** 마른 가루들이 모두 흡수되면 주걱질을 곧바로 멈추고 한 덩이로 모아주세요(약간 질척한 반죽이에요).

**4** 넓게 자른 위생비닐로 반죽을 싸서 납작하게 누른 후 냉장고에 넣고 잠시 굳혀줍니다.

**5** 반죽이 어느 정도 단단해졌으면 칼로 눌러 약 25등분 해주세요.

**6** 등분된 반죽을 손바닥에 가볍게 둥글린 후 살짝 눌러 원반 모양을 만들어서 팬에 간격을 두고 배치해줍니다.

**7** 팬 뚜껑을 닫고 1/2약불에서 약 15분가량 구워줍니다.

**8** 구워지는 동안 반죽이 반달 모양으로 퍼지고 바닥이 짙은 갈색이 돌면 불꽃 크기를 조금 더 줄인 후 뒤집어서 3~5분가량 구워주세요.

**9** 윗면을 구울 때 반죽을 팬에 뒤집지 않고 생선 굽는 그릴로 옮겨서 약불로 노르스름하게 구워주면 더욱 예쁜 모양의 쿠키가 된답니다.

밋밋하고 획일적인 맛의 스펀지케이크는 가라!

각종 채소, 과일, 곡물 등을 적극 활용해 담백하게 구워낸 콩지표 스펀지케이크는 많이 달지 않을 뿐 아니라

버터를 전혀 사용하지 않아 칼로리 부담이 낮고, 느끼한 생크림을 올리지 않고도

맛있게 먹을 수 있다는 것이 최대 장점이랍니다.

# PART 5

채소와 곡물이 가득한

# 스펀지 케이크

# 채소 스펀지케이크

냉장고 안에 늘 준비되어 있는 채소들을 이용해 스펀지케이크를 만들어보세요.
간식이 필요할 때 언제든지 쉽게 만들 수 있을 뿐만 아니라 색도 예쁘고 맛도 촉촉하고 부드러워서
온 가족이 함께 즐길 수 있는 좋은 간식이랍니다.

박력분 .............140g
베이킹파우더 ......1/2t
달걀 .................3개
설탕 ...............100g
소금 ..............1/8t
우유 ..............70g

당근 .................50g
양파 .................50g
브로콜리 ............50g

**준비**

• 가루는 한데 섞어 체 쳐두세요.
• 밥솥은 바닥과 옆면에 버터를 고루 발라두세요.

**TIP**

• 브로콜리는 초록 꽃 부분만 사용하면 색도 예쁘고 식감도 훨씬 부드럽답니다.
• 높이가 조금 낮더라도 좀 더 건강하게 즐기고 싶을 땐 베이킹파우더를 생략해주세요.

**1** 당근, 양파, 브로콜리는 깨끗하게 씻은 후 잘게 다져 놓으세요.

**2** 흰자를 하얗게 거품 내다가 설탕과 소금을 두 번으로 나눠 넣어가면서 고속으로 섞어주세요.

**3** 거품이 빽빽하고 단단한 상태가 되면 노른자를 넣고 약 1분간 계속해서 섞어주세요.

**4** 박력분, 베이킹파우더를 두 번으로 나눠 한 번 더 체 쳐 넣고 주걱으로 뒤엎어가며 섞어주세요.

**5** 가루가 살짝 덜 섞인 상태에서 다져둔 채소들을 넣고 두어 번 정도 가볍게 뒤섞어줍니다.

**6** 우유를 두세 번으로 나눠 넣어가면서 바닥에 고이지 않도록 반죽을 반으로 가르며 고루 섞어주세요.

**7** 가루가 모두 흡수되고 나면 밥솥에 반죽을 붓고 살살 흔들어서 윗면을 평평하게 정리해주세요.

**8** 찜기능으로 40분(또는 취사 2회) 구워주면 완성됩니다.

**9** 냄비 뚜껑을 이용해 조심히 꺼낸 후 바구니 위에 놓고 식혀주세요.

오일을 넣지 않고 촉촉한 단호박을 듬뿍 넣어 만든 깔끔하고 담백한 케이크예요.
호박떡보다 훨씬 폭신하고 부드러워서 아이부터 어른까지 누구나 좋아할 뿐 아니라 모양도 예뻐서
선물용으로도 그만이랍니다.

**재료 | 10인용**

| | | | |
|---|---|---|---|
| 박력분 | 140g | 단호박 | 200g |
| 달걀 | 3개 | 단호박 껍질 | 100g |
| 설탕 | 120g | | |
| 소금 | 1/8t | | |
| 물 | 60g | | |

**준비**

- 단호박은 미리 삶아두세요.
- 박력분은 체 쳐두세요.
- 밥솥은 바닥과 옆면에 버터를 고루 발라두세요.


**TIP** 단호박은 1/2개 정도 사용하면 적당하고요. 수분 함량에 따라 물의 양은 조금 차이가 날 수 있어요.

**1** 삶은 단호박은 껍질을 따로 분리해 잘게 썰어두고 노란 속살에는 계량해둔 물을 반 정도 섞어서 곱게 으깨세요.

**2** 흰자를 하얗게 거품 내다가 설탕과 소금을 두 번으로 나눠 넣어가면서 고속으로 섞어주세요.

**3** 거품이 뻑뻑하고 단단한 상태가 되면 노른자를 넣고 약 1분간 섞어주세요.

**4** 박력분을 두 번으로 나눠 한 번 더 체쳐 넣고 주걱으로 뒤엎어가면서 섞어주세요.

**5** 단호박에 섞고 남은 물을 마저 넣고 가볍게 뒤엎어가며 섞어줍니다.

**6** 가루가 살짝 덜 섞인 상태에서 으깨둔 단호박을 여기저기 던져 넣고 가볍게 섞어주세요.

**7** 가루가 모두 흡수되고 단호박이 고르게 섞였으면 볼 주변을 정리해 반죽을 모아주세요.

**8** 밥솥에 반죽을 붓고 주걱으로 윗면을 평평하게 정리한 후 단호박 껍질을 고루 덮어줍니다.

**9** 찜기능으로 40분(또는 취사 2회) 구워주면 완성됩니다.

# 시금치
# 스펀지케이크

밥솥 뚜껑을 여는 순간 기분 좋은 초록색 케이크가 한가득!
우유 대신 물을 넣어서 맛이 더욱 깔끔한 시금치 스펀지케이크는 특유의 냄새가 나지 않아 시금치를
싫어하는 아이들도 거부감 없이 맛있게 먹을 수 있답니다.

**1** 시금치는 끓는 물에 살짝 데쳐서 물기를 꼭 짠 다음 굵게 썰어주세요.

**2** 데친 시금치를 믹서에 넣고 준비해둔 물과 함께 곱게 갈아주세요.

**3** 흰자를 하얗게 거품 내다가 설탕과 소금을 두 번으로 나눠 넣어가면서 고속으로 섞어주세요.

**4** 거품이 뻑뻑하고 단단한 상태가 되면 노른자를 넣고 약 1분간 섞어주세요.

**5** 박력분, 베이킹파우더를 두 번으로 나눠 한 번 더 체 쳐 넣고 주걱으로 뒤엎어가며 섞어주세요.

**6** 가루가 살짝 덜 섞인 상태에서 갈아둔 시금치를 넣고 가볍게 섞어주세요.

**7** 밥솥에 반죽을 붓고 살살 흔들어서 윗면을 평평하게 정리해주세요.

**8** 찜기능으로 40분(또는 취사 2회) 구워주면 완성됩니다.

**9** 냄비 뚜껑을 이용해 조심히 꺼낸 후 바구니 위에 놓고 식혀주세요.

만들기도 간편할 뿐만 아니라 부드럽고 달콤하게 씹히는 통팥이 아주 맛있는 케이크랍니다.

**1** 흰자와 노른자를 분리하고 나머지 재료들은 계량해서 모두 한곳에 모아두세요.

**2** 흰자를 하얗게 거품 내다가 설탕을 두 번으로 나눠 넣어가면서 고속으로 섞어주세요.

**3** 거품이 빽빽하고 단단한 상태가 되면 노른자를 넣고 약 1분간 계속해서 섞어주세요.

**4** 카놀라유를 두 번으로 나눠 넓게 뿌려 넣고 저속으로 가볍게 섞어주세요.

**5** 박력분을 두 번으로 나눠 한 번 더 체 쳐 넣고 주걱으로 뒤엎어가면서 섞어주세요.

**6** 단팥을 숟가락으로 떠서 군데군데 던져 넣고 주걱으로 두어 번 정도 가볍게 뒤섞어주세요.

**7** 우유를 두 번으로 나눠 넣어가면서 부드럽게 섞어서 반죽을 완성합니다.

**8** 밥솥에 반죽을 붓고 주걱으로 가볍게 긁어 윗면을 평평하게 정리해주세요.

**9** 찜기능으로 45분(또는 취사 2회) 구워주면 완성됩니다.

# 바나나 스펀지케이크

무르게 익어버린 바나나가 있다면 폭신하고 든든한 스펀지케이크로 변신시켜주세요.
달콤하게 익어가는 바나나 향에 절로 군침이 돈답니다.^^

**TIP** 바나나는 크기가 큰 것은 2개, 작은 것은 3개 정도 넣어주면 됩니다. 달콤하게 잘 익은 것일수록 맛이 좋답니다.

**1** 바나나는 잘 익은 것을 골라 포크로 부드럽게 으깨주세요.

**2** 흰자를 하얗게 거품 내다가 설탕을 두 번으로 나눠 넣어가면서 단단한 거품을 만들어주세요.

**3** 거품이 뻑뻑하고 단단한 상태가 되면 노른자를 넣고 약 1분간 충분히 섞어주세요.

**4** 박력분을 두 번으로 나눠 한 번 더 체 쳐 넣고 주걱으로 뒤엎어가며 섞어주세요.

**5** 가루가 살짝 덜 섞인 상태에서 바나나를 넣고 우유를 조금씩 넣으며 뒤섞어줍니다.

**6** 박력분이 모두 흡수되고 나면 볼 주변을 정리해 반죽을 모아주세요.

**7** 밥솥에 반죽을 붓고 주걱으로 가볍게 긁어 윗면을 평평하게 정리해주세요.

**8** 찜기능으로 45분(또는 취사 2회) 구워주면 완성됩니다.

**9** 냄비 뚜껑을 이용해 조심히 꺼낸 후 바구니 위에 놓고 식혀주세요.

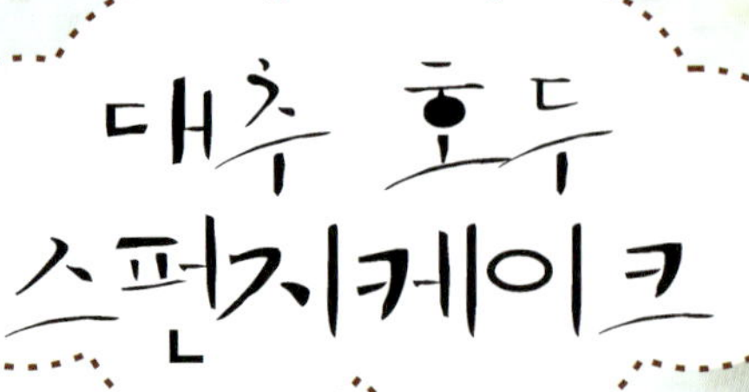


은은한 계피 향과 달콤한 대추가 아주 잘 어울리는 케이크예요.
향이 강하지 않아 계피와 대추를 싫어하는 사람도 한번 맛보면 모두 반하게 된답니다.
재료를 활용한 만큼 명절날 이색 간식으로도 손색이 없답니다. ^^

| 재료 \| 10인용 | | 준비 |
|---|---|---|

| 박력분 | 120g | 대추 | 20개 |
|---|---|---|---|
| 계피가루 | 1/2t | 호두 | 1/2컵 |
| 달걀 | 4개 | | |
| 설탕 | 100g | | |
| 카놀라유 | 40g | | |
| 우유 | 50g | | |

**준비**
- 가루는 한데 섞어 체 쳐두세요.
- 밥솥은 바닥과 옆면에 버터를 고루 발라두세요.

**TIP** 계피 가루를 좋아하지 않으면 생략해도 맛있답니다.

**1** 대추는 깨끗하게 씻어서 살짝 불린 후 씨를 제거하고 칼로 잘게 다져두세요.

**2** 흰자를 하얗게 거품 내다가 설탕을 두 번으로 나눠 넣어가면서 고속으로 섞어주세요.

**3** 거품이 빽빽하고 단단한 상태가 되면 노른자를 넣고 약 1분간 계속해서 섞어주세요.

**4** 카놀라유를 두 번으로 나눠 넓게 뿌려 넣고 가볍게 섞어주세요.

**5** 박력분, 계피가루를 두 번으로 나눠 한 번 더 체 쳐 넣고 주걱으로 뒤엎어가면서 섞어주세요.

**6** 가루가 살짝 덜 섞인 상태에서 다져둔 대추와 호두를 넣고 두세 번 정도 가볍게 뒤섞어주세요.

**7** 우유를 두세 번으로 나눠 넣고 볼 바닥을 크게 쓸어 엎어가며 부드럽게 섞어주세요.

**8** 밥솥에 반죽을 붓고 주걱으로 가볍게 긁어 윗면을 평평하게 정리해주세요.

**9** 찜기능으로 40분(또는 취사 2회) 구워주면 완성됩니다.

살짝 거친 듯하면서 씹을수록 고소한 맛이 나는 통밀 스펀지케이크는 고소한 호두와도 잘 어울릴 뿐만
아니라 달지 않고 담백해서 누구에게나 자신 있게 권할 수 있고 몸에도 좋은 케이크랍니다.

**재료 | 10인용**

박력분.................60g
통밀가루.............80g
달걀......................4개
설탕...................100g
물.........................50g
호두.....................80g

**준비**

• 호두는 팬에 구워 식혀둡니다.
• 가루는 한데 섞어 체 쳐두세요.
• 밥솥은 바닥과 옆면에 버터를 고루 발라두세요.


**TIP** 호두는 쓰기 전에 팬에 미리 구워두면 떫은맛도 사라지고 맛이 훨씬 고소해진답니다.

**1** 팬에 미리 구워둔 호두는 식힌 후 칼로 잘게 다져주세요.

**2** 흰자를 하얗게 거품 내다가 설탕을 두 번으로 나눠 넣어가면서 고속으로 섞어주세요.

**3** 거품이 빽빽하고 단단한 상태가 되면 노른자를 넣고 약 1분간 계속해서 섞어주세요.

**4** 박력분, 통밀가루를 두 번으로 나눠 한 번 더 체 쳐 넣고 주걱으로 뒤엎어가면서 섞어주세요.

**5** 가루가 살짝 덜 섞인 상태에서 다져둔 호두를 넣고 물을 두세 번으로 나눠 넣어가면서 볼 바닥을 쓸어 엎어가며 섞어주세요.

**6** 가루가 모두 흡수되고 반죽이 부드러운 상태가 되었으면 볼 주변을 정리해 한데 모아주세요.

**7** 밥솥에 반죽을 붓고 주걱으로 가볍게 긁어 윗면을 평평하게 정리해주세요.

**8** 반죽에 넣고 남은 호두를 반죽 위에 골고루 뿌려주세요.

**9** 찜기능으로 40분(또는 취사 2회) 구워주면 완성됩니다.

# 호밀
# 스펀지케이크

담백하면서 투박한 식감이 매력적인 호밀 스펀지케이크는 우유 대신 물을 넣어서 맛이 더욱 깔끔할
뿐만 아니라 꼬들꼬들하게 씹히는 고소한 오트밀과도 굉장히 잘 어울리는 케이크랍니다.

**재료 | 10인용**

| | |
|---|---|
| 박력분 | 60g |
| 호밀가루 | 80g |
| 달걀 | 4개 |
| 설탕 | 100g |
| 물 | 50g |
| 오트밀 | 1컵 |

**준비**

- 오트밀은 팬에 구워 식혀 둡니다.
- 가루는 한데 섞어 체 쳐두세요.
- 밥솥은 바닥과 옆면에 버터를 고루 발라두세요.


**TIP** 오트밀이 없을 때는 호두나 아몬드를 다져넣어도 좋답니다.

**1** 14쪽을 참고해 오트밀을 프라이팬에 노르스름하게 구워주세요.

**2** 버터를 발라둔 밥솥 바닥에 오트밀을 꼼꼼하게 뿌려주세요.

**3** 흰자를 하얗게 거품 내다가 설탕을 두 번으로 나눠 넣으면서 고속으로 섞어주세요.

**4** 거품이 빽빽하고 단단한 상태가 되면 노른자를 넣고 약 1분간 섞어주세요.

**5** 박력분, 호밀가루를 두 번으로 나눠 한 번 더 체 쳐 넣고 주걱으로 뒤엎어가면서 섞어주세요.

**6** 가루가 약간 덜 섞인 상태에서 오트밀을 넣고 물을 두세 번으로 나눠 넣어가면서 재빨리 섞어줍니다.

**7** 가루가 모두 흡수되고 반죽이 부드러워졌으면 밥솥에 붓고 윗면을 평평하게 정리해주세요.

**8** 찜기능으로 40분(또는 취사 2회) 구워주면 완성됩니다.

**9** 냄비 뚜껑을 이용해 조심히 꺼낸 후 뒤집어서 식혀주세요.

여름이면 빠질 수 없는 우리의 건강 간식 미숫가루!
몸에 좋고 맛도 좋은 미숫가루를 음료로만 즐기기가 너무 단조로우셨다면 폭신하고 부드러운
스펀지케이크로 즐겨보세요. 흔히 먹던 음료수와는 전혀 다른 새로운 맛이랍니다.

**1** 흰자를 하얗게 거품 내다가 설탕을 두 번으로 나눠 넣어가면서 고속으로 섞어주세요.

**2** 거품이 뻑뻑하고 단단한 상태가 되면 노른자를 넣고 약 1분간 계속해서 섞어주세요.

**3** 카놀라유를 두 번으로 나눠 넓게 뿌려 넣고 가볍게 섞어주세요.

**4** 박력분, 미숫가루를 두 번으로 나눠 한 번 더 체 쳐 넣고 주걱으로 뒤엎어가면서 섞어주세요.

**5** 검은깨를 넣고 우유를 두세 번으로 나눠 넣어가면서 바닥에 고이지 않도록 뒤엎어가며 재빨리 섞어주세요.

**6** 마른 가루들이 고르게 섞였으면 볼 주변을 정리해 반죽을 모아주세요.

**7** 밥솥에 반죽을 붓고 주걱으로 가볍게 긁어 윗면을 평평하게 정리해주세요.

**8** 찜기능으로 40분(또는 취사 2회) 구워주면 완성됩니다.

**9** 냄비 뚜껑을 이용해 조심히 꺼낸 후 바구니 위에 놓고 식혀주세요.

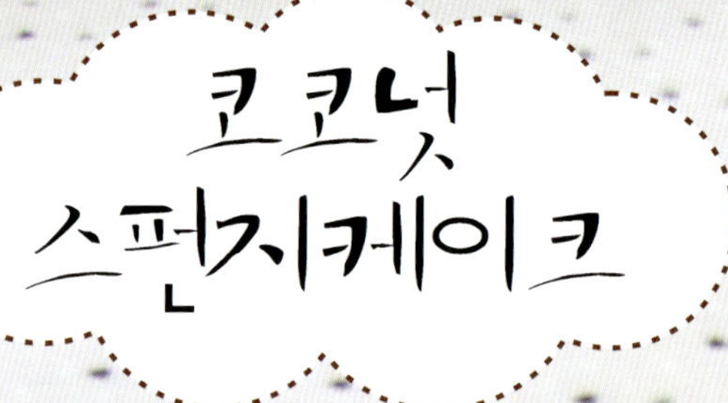

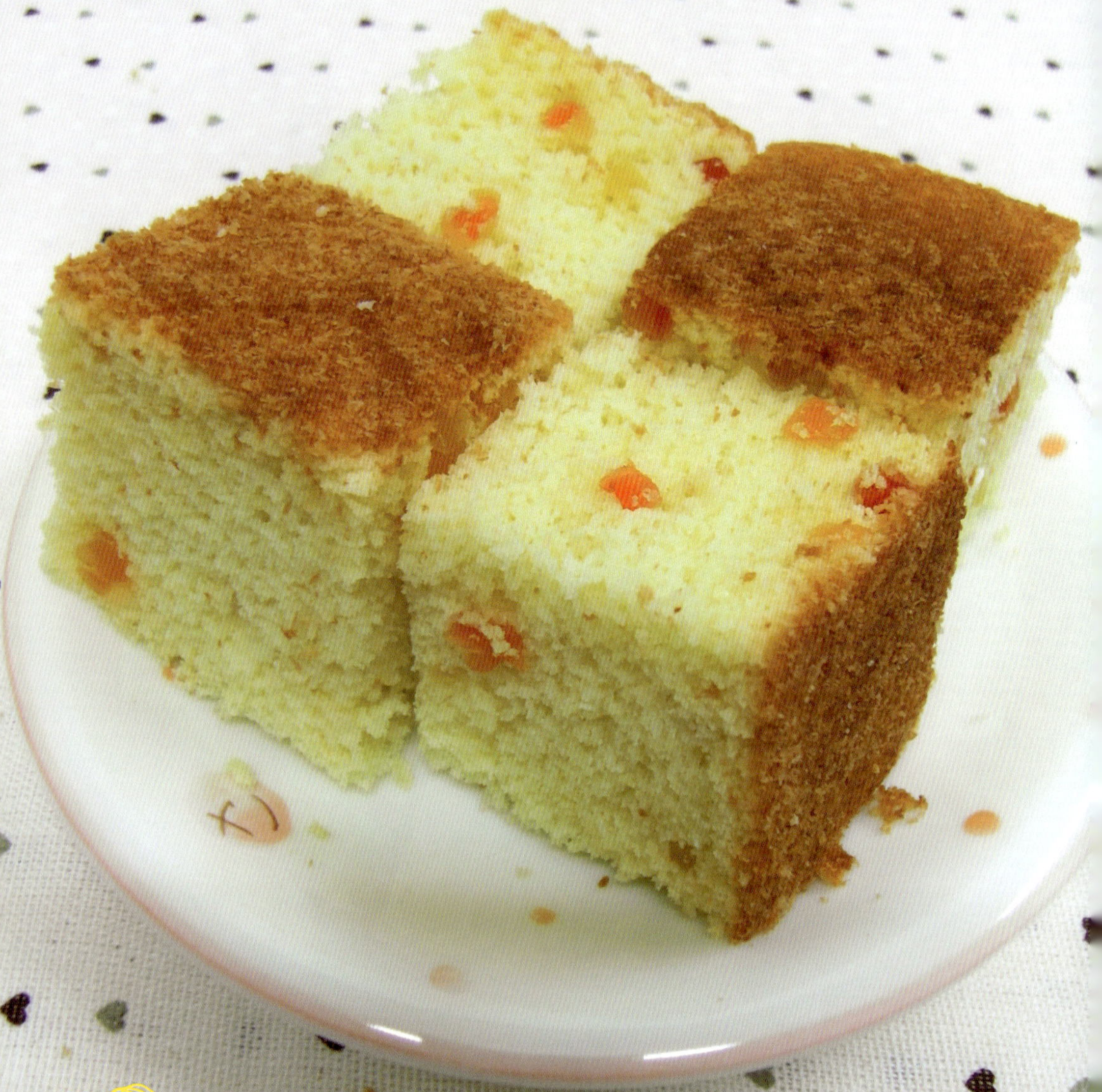

입안에서 사그락거리는 특유의 씹는 맛과 달콤하고 고소한 향이 일품인 코코넛가루!
그 거부할 수 없는 매력을 폭신한 스펀지케이크에서도 그대로 느껴보세요.
달콤한 파파야와 함께 어우러져 최고의 맛을 자랑한답니다.

| | | | |
|---|---|---|---|
| 박력분 | 100g | 우유 | 30g |
| 코코넛가루 | 50g | 건조 파파야 | 60g |
| 달걀 | 4개 | | |
| 설탕 | 100g | | |
| 카놀라유 | 30g | | |

**준비**

• 박력분은 체 쳐두세요.
• 밥솥은 바닥과 옆면에 버터를 고루 발라두세요.

**TIP** 건조 파파야 대신 다른 건조 과일들을 넣어두어도 좋고, 없을 때는 생략해도 맛있답니다.

**1** 버터를 발라둔 밥솥 바닥에 분량 외의 코코넛 가루를 옆면까지 골고루 뿌려주세요.

**2** 흰자를 하얗게 거품 내다가 설탕을 두 번으로 나눠 넣어가면서 고속으로 섞어주세요.

**3** 거품이 뻑뻑하고 단단한 상태가 되면 노른자를 넣고 약 1분간 계속해서 섞어주세요.

**4** 카놀라유를 두 번으로 나눠 넓게 뿌려 넣고 가볍게 섞어주세요.

**5** 박력분을 두 번으로 나눠 한 번 더 체 쳐 넣고 주걱으로 뒤엎어가면서 섞다가 코코넛가루를 넣고 섞어주세요.

**6** 가루가 살짝 덜 섞인 상태에서 우유를 두세 번으로 나눠 넣어가면서 바닥에 고이지 않도록 뒤엎어가며 재빨리 섞어주세요.

**7** 건조 파파야를 넓게 뿌려 넣고 한곳에 뭉치지 않도록 두어 번 정도 가볍게 뒤엎어주세요.

**8** 밥솥에 반죽을 붓고 살살 흔들어서 윗면을 평평하게 정리해주세요.

**9** 찜기능으로 40분(또는 취사 2회) 구워주면 완성됩니다.

가끔은 아주 진하고 달콤한 케이크가 생각날 때가 있지요.

이럴 땐 역시 치즈 케이크만한 것이 없는 것 같습니다.

한 조각만으로도 큰 만족을 주는 고급스러운 치즈 케이크를 밥통에 굽거나 냄비에 끓여서 만들 수 있답니다.

여러분에게만 콩지만의 놀라운 방법을 소개할게요.

# PART 6

깊고 진한 맛

# 치즈 & 무스 케이크

초코 과자 몇 개만 있으면 맛도 모양도 근사한 치즈 케이크를 만들 수가 있어요.
만드는 방법도 어렵지 않기 때문에 맛있으면서도 쉽고 간편하게 만들 수 있는 치즈 케이크랍니다.

**재료 | 10인용**

| | | | |
|---|---|---|---|
| 크림치즈 | 300g | 박력분 | 20g |
| 설탕 | 100g | 까메오 | 8쌍 |
| 플레인요구르트 | 100g | | |
| 달걀 | 3개 | | |
| 생크림 | 100g | | |

**준비**

• 크림치즈는 냉장고에서 미리 꺼내두세요.
• 흰자와 노른자를 분리해 두세요.
• 밥솥은 바닥과 옆면에 버터를 고루 발라두세요.

**TIP**

• 치즈 케이크는 차게 해서 먹어야 맛있어요.
• 보관할 때는 한 조각씩 랩에 싸서 냉장실이나 냉동실에 보관해주세요.

**1** 까메오 쿠키는 샌드된 크림을 긁어내고 지퍼백에 담아 밀대로 밀어 곱게 부숴주세요.

**2** 실온에서 말랑해진 크림치즈를 부드럽게 풀어준 후 설탕 50g을 넣고 섞다가 플레인요구르트를 고루 섞어주세요.

**3** 노른자를 넣고 부드럽게 섞은 후 액체 상태인 생크림을 넣어 저속으로 가볍게 섞어주세요.

**4** 박력분 또는 전분을 체 쳐 넣고 가볍게 섞어주세요.

**5** 흰자에 남겨둔 설탕 50g을 넣고 단단한 거품을 만들어주세요.

**6** 미리 만들어둔 크림치즈 반죽에 흰자 거품을 두 번으로 나눠 넣어가면서 부드럽게 섞어주세요.

**7** 잘게 부순 초코 쿠키 가루를 넣고 두어 번 정도 주걱으로 뒤엎어가면서 가볍게 섞어주세요.

**8** 밥솥에 반죽을 붓고 윗면을 평평하게 정리한 후 찜기능으로 50분 구워주면 완성됩니다.

**9** 밥통에서 내솥을 꺼내 그대로 식히다가 케이크가 어느 정도 굳으면 냄비 뚜껑을 이용해 조심히 꺼낸 후 냉장고에서 차갑게 굳혀주세요.

# 사과
# 치즈 케이크

느끼한 치즈 케이크가 부담스러우셨다면 상큼한 사과를 활용해보세요.
새콤달콤하게 씹히는 사과조림이 치즈의 느끼함을 잡아주기 때문에 맛이 훨씬 좋아진답니다.

**재료 | 10인용**

| | | |
|---|---|---|
| 크림치즈 | 300g | **쿠키시트** |
| 플레인요구르트 | 100g | 까메오 ............16쌍 |
| 설탕 | 100g | 버터 ............40g |
| 달걀 | 2개 | **사과조림** |
| 생크림 | 100g | 사과 ............1개 |
| 박력분 | 20g | 흑설탕 ............2T |

**준비**

- 크림치즈는 냉장고에서 미리 꺼내두세요.
- 밥솥은 바닥과 옆면에 버터를 고루 발라두세요.

**TIP** 바닥에 깔 쿠키 가루가 거칠면 케이크를 썰 때 부서질 수 있으니 최대한 곱게 부숴주세요.

**1** 사과를 작게 썰어서 흑설탕 또는 황설탕과 함께 버무린 후 숟가락으로 뒤적이면서 센불에서 조리다가 국물이 바특해지면 불을 끄고 식혀주세요.

**2** 까메오 쿠키는 샌드된 크림을 긁어내고 지퍼백에 담아 밀대로 밀어 곱게 부순 후 버터를 녹여 함께 섞어주세요.

**3** 촉촉해진 쿠키 가루를 밥솥 바닥에 붓고 숟가락으로 문질러가면서 꼼꼼하게 깔아주세요.

**4** 실온에서 말랑해진 크림치즈를 부드럽게 풀고 설탕을 섞은 후 달걀을 하나씩 넣어가면서 골고루 섞어주세요.

**5** 플레인요구르트를 넣고 가볍게 섞다가 생크림을 넣어 부드럽게 섞어주세요.

**6** 박력분을 체 쳐 넣고 주걱으로 뒤엎어가면서 가볍게 섞어줍니다.

**7** 식혀두었던 사과조림을 넣고 한곳에 뭉치지 않도록 두어 번 정도 가볍게 섞어주세요.

**8** 찜기능으로 60분(또는 취사 3회) 구워주면 완성됩니다.

**9** 케이크가 완전히 식어서 단단해지면 냄비 뚜껑을 이용해 조심히 꺼내 냉장고에 차갑게 식힌 후 칼로 예쁘게 썰어주세요.

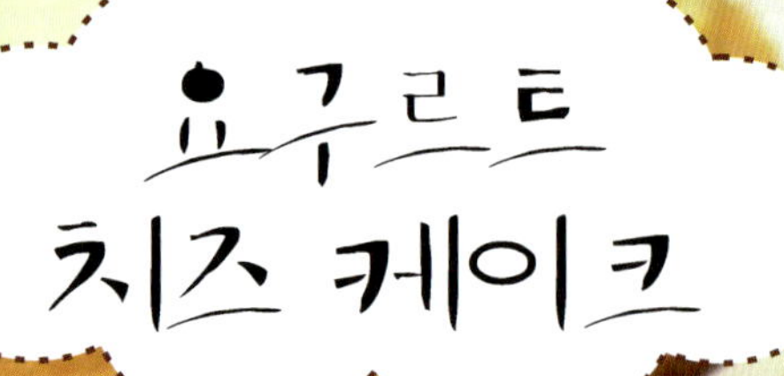


달걀 거품을 이용해 폭신폭신하게 구워낸 아주 부드러운 치즈 케이크예요.
크림치즈를 과하게 넣지 않고 요구르트와 함께 섞어 촉촉하게 구워냈기 때문에 느끼하지 않고
담백하답니다.

<table>
<tr><td>

**재료 | 10인용**

크림치즈..........200g
플레인요구르트 100g
달걀.....................3개
설탕 .................100g
전분 ....................30g
시판카스테라....1봉지

</td><td>

**준비**

• 크림치즈는 냉장고에서 미리 꺼내두세요.
• 흰자와 노른자를 분리해 두세요.
• 밥솥은 바닥과 옆면에 버터를 고루 발라두세요.

</td><td>

**TIP** 치즈 케이크 바닥에 카스테라를 깔아주면 굽는 시간이 조금 더 걸리긴 하지만 케이크 부피도 커지고 느끼한 맛도 훨씬 줄일 수 있답니다.

</td></tr>
</table>

**1** 시판카스테라를 약 1cm 두께로 썰어서 밥통 바닥에 빈틈이 없도록 촘촘하게 깔아주세요.

**2** 실온에서 말랑해진 크림치즈를 부드럽게 풀어준 후 설탕 50g을 넣고 섞다가 플레인요구르트를 고루 섞어주세요.

**3** 노른자를 부드럽게 섞은 후 전분 또는 박력분을 체 쳐 넣고 잘 섞어주세요.

**4** 흰자에 남겨둔 설탕 50g을 넣고 단단한 거품을 만들어주세요.

**5** 미리 만들어둔 크림치즈 반죽에 흰자 거품을 두 번으로 나눠 넣어가면서 부드럽게 섞어주세요.

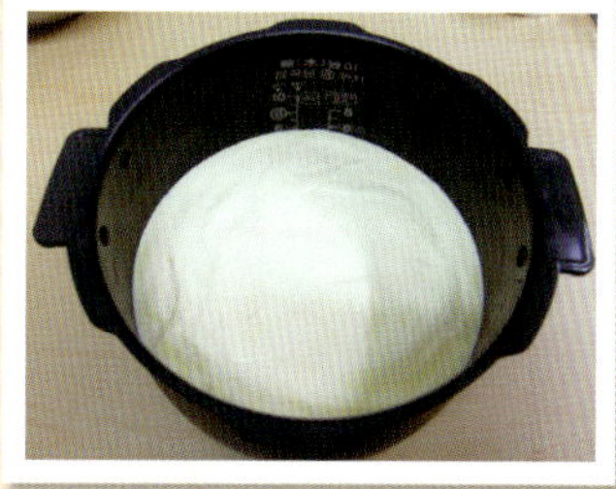

**6** 카스테라를 깔아둔 밥솥에 반죽을 붓고 살살 흔들어 윗면을 평평하게 정리해주세요.

**7** 찜기능으로 60분(또는 취사 3회) 구워주면 완성됩니다.

**8** 케이크가 완전히 식어서 단단해지면 냄비 뚜껑을 이용해 조심히 꺼내 냉장고에 차갑게 식힌 후 칼로 예쁘게 썰어주세요.

**9** 한 조각씩 랩에 싸서 냉장실이나 냉동실에 보관해뒀다가 차게 드시면 더욱 맛있답니다.

딸기가루와 요구르트가 만나 새콤달콤한 맛이 일품인 딸기 치즈 케이크랍니다.
분홍빛의 예쁜 케이크 한 조각으로 부드럽고 상큼한 행복을 느껴보세요.

**재료 | 10인용**

| | |
|---|---|
| 딸기맛 크림치즈 | 200g |
| 딸기가루 | 20g |
| 플레인요구르트 | 100g |
| 달걀 | 3개 |
| 설탕 | 100g |
| 전분 | 30g |

**준비**

- 크림치즈는 냉장고에서 미리 꺼내두세요.
- 흰자와 노른자를 분리해 두세요.
- 밥솥은 바닥과 옆면에 버터를 고루 발라두세요.


**TIP** 케이크를 하나하나 랩에 싸서 냉장고에 넣어두면 카스테라 시트가 촉촉해져서 훨씬 부드러워진답니다.

**1** 시판카스테라를 약 1cm 두께로 썰어서 밥통 바닥에 빈틈이 없도록 촘촘하게 깔아주세요.

**2** 실온에서 말랑해진 크림치즈를 부드럽게 풀어준 후 설탕 50g과 딸기가루를 차례로 섞어주세요.

**3** 플레인요구르트를 넣고 섞다가 노른자를 넣고 부드럽게 섞어주세요.

**4** 박력분 또는 전분을 체 쳐 넣고 가볍게 섞어주세요.

**5** 흰자에 남겨둔 설탕 50g을 넣고 단단한 거품을 만들어주세요.

**6** 미리 만들어둔 크림치즈 반죽에 흰자 거품을 두 번으로 나눠 넣어가면서 부드럽게 섞어주세요.

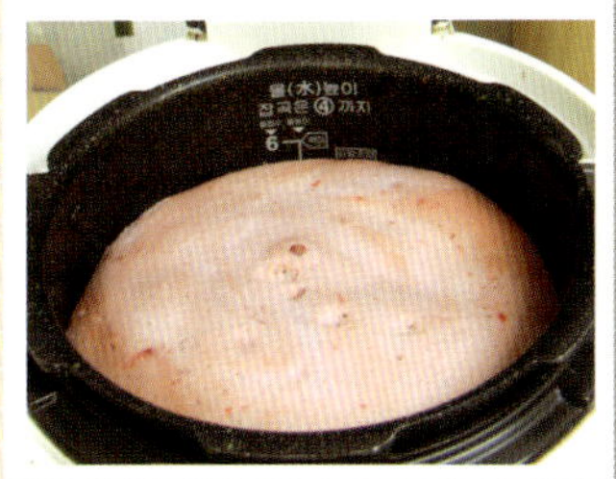

**7** 밥솥에 반죽을 붓고 윗면을 평평하게 정리한 후 찜기능으로 60분(또는 취사 3회) 구워주면 완성됩니다.

**8** 밥솥을 찬물에 담가 식힌 후 어느 정도 단단해지면 냄비 뚜껑을 이용해 조심히 꺼내서 냉장고에 넣고 굳혀주세요.

**9** 치즈 케이크는 반드시 차게 식힌 후 잘라야 부서지지 않고 깔끔하게 자를 수 있답니다.

동물성 젤라틴 대신 식물성 한천가루를 이용해 만든 세상에 하나뿐인 콩지표 치즈 케이크랍니다.
맛도 좋고 한꺼번에 많은 양을 쉽게 만들 수가 있기 때문에 온가족 디저트로 아주 훌륭하지요.

1 단호박은 깨끗하게 씻은 후 4등분해 껍질째 푹 삶아주세요.

2 잘 익은 단호박은 노란 속살만 분리해서 계량한 후 포크로 잘 으깨주세요.

3 까메오 쿠키는 샌드된 크림을 긁어내고 지퍼백에 담아 밀대로 밀어 곱게 부숴주세요.

4 유리그릇에 쿠키 가루를 얇게 깔아줍니다. 모양과 크기는 어떤 것이든 상관없어요.

5 단호박과 우유를 믹서에 갈아 냄비에 붓고 설탕과 함께 끓여주세요.

6 한천가루와 크림치즈를 넣고 주걱으로 저어가면서 한천가루가 충분히 퍼지도록 약 5분가량 충분히 끓여줍니다.

7 쿠키 가루를 깔아둔 유리그릇에 적당히 나눠 담고 어느 정도 식으면 냉장고에 넣고 차갑게 굳혀주세요.

8 젓가락으로 찔러봤을 때 날반죽이 묻어 나오지 않으면 다 굳은 거예요.

9 접시를 덮고 거꾸로 뒤집어 꺼내주면 더욱 보기가 좋답니다.

# 딸기 무스 케이크

생딸기를 듬뿍 넣어 만든 아주 상큼한 치즈 케이크예요.
많이 달지 않아 부담 없고 딸기 향을 가득 머금은 부드러운 무스 맛에 절로 기분이 상쾌해진답니다.

**재료**

| | |
|---|---|
| 시판카스테라....1봉지 | 플레인요구르트100g |
| 딸기 ............약 10개 | 딸기....................200g |
| **시럽** | 설탕......................80g |
| 물......................50g | 판 젤라틴................2장 |
| 설탕......................2T | **코팅층** |
| 커피......................2t | 딸기....................200g |
| **무스** | 설탕......................3T |
| 크림치즈..........200g | 판 젤라틴............2장 |

**준비**

• 크림치즈는 냉장고에서 미리 꺼내두세요.
• 시럽은 뜨거운 물에 설탕과 커피를 녹인 후 식혀두세요.

**TIP** 간편하게 큰 그릇 하나로 만들어도 좋지만 작은 그릇으로 나눠주면 모양도 예쁘고 하나씩 꺼내 먹기도 편리하답니다.

1 시판카스테라를 약 1cm 두께로 잘라서 둥근 유리그릇 바닥에 깔아주세요.

2 커피시럽을 촉촉하게 뿌린 후 반으로 가른 딸기를 테두리에 빙 둘러주세요.

3 젤라틴을 찬물에 담가 부드러워지면 물만 따라내세요.

4 실온에서 말랑해진 크림치즈를 부드럽게 풀어준 후 설탕과 플레인요구르트를 차례로 섞어주세요.

5 딸기를 믹서에 간 후 반죽에 조금씩 부어가면서 고루 섞어주세요.

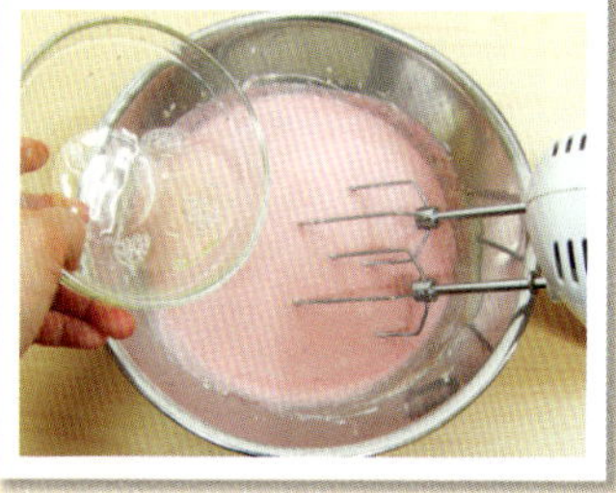

6 물에 불려둔 젤라틴을 전자레인지에 10초 정도 돌려 액체 상태로 녹인 후 반죽에 조금씩 흘려주면서 덩어리가 생기지 않도록 재빨리 섞어주세요.

7 완성된 무스 반죽을 준비해둔 유리그릇에 붓고 냉장고에 넣어 굳혀주세요.

8 **코팅층 만들기** 딸기와 설탕을 믹서에 갈아 냄비에 넣고 끓이다가 살짝 걸쭉해지면 젤라틴을 넣고 잘 녹여주세요.

9 끓인 딸기가 살짝 식으면 단단하게 굳은 무스 위에 부어준 후 다시 냉장고에 넣고 굳혀주면 완성됩니다.

# 고구마 티라미수

동물성 젤라틴에 대한 거부감이 있으셨다면 이제 식물성 한천가루를 이용해 티라미수를 만들어보세요. 달콤한 고구마를 듬뿍 넣어 느끼하지 않기 때문에 식후 디저트뿐만 아니라 든든한 간식으로도 훌륭하답니다.

**TIP** 장식으로 뿌린 코코아가루의 쌉싸래한 맛이 싫을 때는 어느 정도 시간이 지나 촉촉하게 젖은 후에 먹으면 좋답니다.

**1** 고구마는 너무 크지 않은 것으로 2개 정도 준비합니다.

**2** 뜨거운 물에 커피와 설탕을 녹여 커피 시럽을 만든 후 식혀두세요.

**3** 시판카스테라를 약 1cm 두께로 잘라 줍니다.

**4** 자른 카스테라를 적당한 모양의 유리 그릇 바닥에 깔아주세요.

**5** 카스테라 위에 미리 만들어둔 커피시럽을 촉촉하게 뿌려주세요.

**6** 고구마와 우유를 믹서에 갈아 냄비에 붓고 끓이다 한천가루와 크림치즈를 넣고 약 5분가량 충분히 끓여주세요.

**7** 카스테라를 깔아둔 그릇에 적당량씩 나눠 붓고 어느 정도 식으면 냉장고에 넣고 차갑게 굳혀주세요.

**8** 완전히 굳은 뒤 윗면에 코코아가루를 뿌려주면 완성됩니다.

**9** 뚜껑을 닫아 냉장고에 넣어두고 후식으로 먹으면 좋아요.

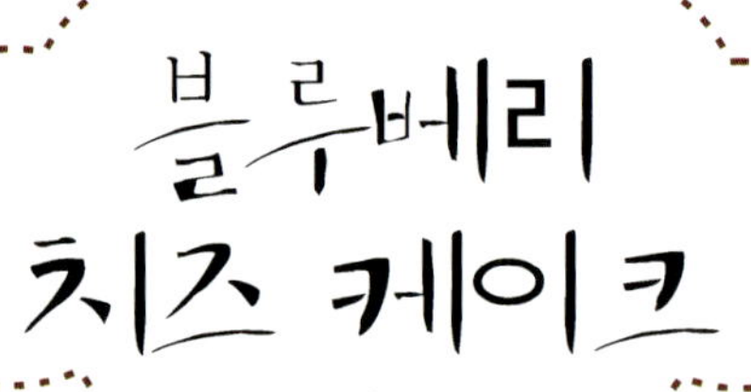

# 블루베리 치즈 케이크

그 자체만으로도 고급스러움을 뽐내는 블루베리 치즈 케이크는 언제 먹어도 맛있는 최고의 디저트인 것 같아요. 이렇게 근사한 고급 디저트를 무스링이나 복잡한 과정 없이 쉽게 만들 수 있는 방법을 소개 합니다!^^

**재료**

| | | | |
|---|---|---|---|
| 크림치즈 ..........200g | 판 젤라틴.............2장 |
| 설탕 ...................80g | 까메오 ................8쌍 |
| 플레인요구르트 200g | |
| 생크림 ..............100g | |
| 블루베리필링.....1/2캔 | |

**준비**

• 크림치즈는 냉장고에서 미리 꺼내두세요.
• 틀로 쓸 투명한 유리그릇을 준비하세요.

**TIP** 무스가 너무 두꺼우면 느끼할 수 있으니 되도록이면 얇게 채워 여러 개로 나눠서 만드는 것이 좋답니다.

1 까메오 쿠키는 샌드된 크림을 긁어내고 지퍼백에 담아 밀대로 밀어 곱게 부숴주세요.

2 유리그릇에 쿠키 가루를 얇게 깔아줍니다.

3 젤라틴을 찬물에 담가 부드러워지면 물만 따라내주세요.

4 실온에서 말랑해진 크림치즈를 부드럽게 풀어준 후 설탕과 플레인요구르트를 차례로 섞어주세요.

5 물에 불려둔 젤라틴을 전자레인지에 10초 정도 돌려 액체 상태로 녹인 후 반죽에 조금씩 흘려주면서 덩어리가 생기지 않도록 재빨리 섞어주세요.

6 차가운 생크림을 단단하게 거품 내주세요.

7 무스 반죽에 거품 낸 생크림을 넣고 가볍게 섞어주세요.

8 쿠키 가루를 깔아둔 유리그릇에 완성된 무스를 적당량씩 채우고 냉장고에 넣고 차갑게 굳혀주세요.

9 무스가 완전히 굳은 후 윗면에 블루베리필링을 듬뿍 올려주면 완성됩니다.

가끔 아주 달콤하고 부드러운 디저트가 생각날 때가 있지요.
달콤 쌉싸래한 초콜릿과 부드러운 크림치즈를 이용해 아주 쉽고 간단하게 만들 수 있는
초콜릿 컵 무스 케이크로 지친 기분을 달래보세요.

다크초콜릿...... 100g
크림치즈...........100g
생크림..............100g
까메오................3쌍



크림치즈는 냉장고에서 미리 꺼내두세요.

**TIP** 완성된 무스는 냉장고에 차게 보관해두고 먹으면 맛있답니다.

**1** 까메오 쿠키는 샌드된 크림을 칼로 긁어내고 지퍼백에 담아 밀대로 밀어 곱게 부숴주세요.

**2** 푸딩 컵 2개에 쿠키 가루를 나눠 넣고 얇게 깔아줍니다.

**3** 뜨거운 물에 다크초콜릿 담은 볼을 담그고 숟가락으로 천천히 저어가면서 부드럽게 녹여주세요.

**4** 녹인 초콜릿에 크림치즈를 넣고 부드럽게 섞어주세요.

**5** 차가운 생크림을 단단하게 거품 내주세요.

**6** 거품 낸 생크림을 녹인 초콜릿에 넣고 가볍게 섞어주세요.

**7** 초콜릿과 생크림을 주걱으로 정리해 가면서 잘 섞어주세요.

**8** 쿠키 가루를 깔아둔 컵에 반죽을 조금씩 떠서 빈틈이 없게 채워넣고 차갑게 굳혀주세요.

**9** 완전히 굳은 뒤 윗면에 코코아가루를 뿌려주면 완성됩니다.

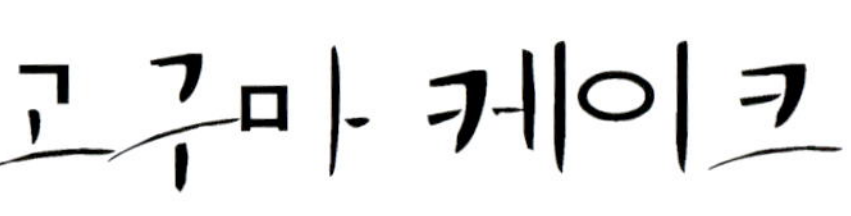

# 고구마 케이크

세상에서 가장 만들기 쉬운 콩지표 초간단 고구마 케이크랍니다.
가끔은 아주 쉽고 간편하게 만들어 먹을 수 있는 간식이 필요 할 때가 있잖아요.
만들기도 쉽고 맛도 좋다면 이보다 고마운 간식이 또 있을까요?^^

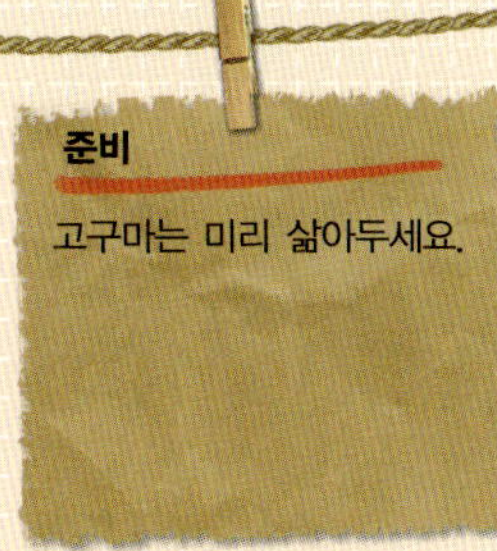

**1** 뜨거운 물에 커피와 설탕을 녹여 커피 시럽을 만든 후 식혀두세요.

**2** 고구마는 입맛에 맞게 당도와 묽기를 조절해가며 설탕과 생크림을 넣고 부드럽게 으깨주세요.

**3** 시판카스테라를 약 1cm 두께로 잘라서 지름이 약 13cm 정도 되는 유리그릇 바닥에 촘촘하게 깔아주세요.

**4** 카스테라 위에 미리 만들어둔 커피시럽을 촉촉하게 뿌려주세요.

**5** 고구마 무스를 절반만 덜어서 꼼꼼하게 채워주세요.

**6** 카스테라를 한 번 더 깔아주고 커피시럽을 촉촉하게 뿌려주세요.

**7** 남은 고구마 무스를 마저 채우고 윗면을 평평하게 정리해주세요.

**8** 바닥에 깔고 남은 카스테라를 굵은 체에 비벼가며 케이크 위에 풍성하게 뿌려주세요.

**9** 카스테라 가루가 흩어지지 않도록 손으로 잘 눌러 고정시키고 칼등으로 등분선을 표시한 후 호박씨로 장식해줍니다.

달걀 거품을 내는 것이 어렵거나 자신이 없을 때는 쉽고 간편하게 찜 케이크를 만들어보세요.
찜 케이크의 가장 큰 매력은 쉽고 빠르게 만들 수 있다는 거예요. 같은 반죽이라도 담는 용기에 따라
머핀, 파운드케이크, 구겔호프 등 얼마든지 다양한 모양의 찜 케이크를 만들 수 있답니다.

# PART 7

## 빠르고 간편한
# 찜 케이크

# 단호박 머핀

단호박은 색도 예쁘고 맛도 좋아서 어떤 간식을 만들어도 인기가 참 좋은 것 같아요.
소박한 모양의 찜 케이크에 노란 단호박 토핑을 올려주면 근사한 머핀이 된답니다.

**재료 | 6개 분량**

| | | | |
|---|---|---|---|
| 박력분 | 150g | 소금 | 1/4t |
| 베이킹파우더 | 1/2t | 단호박 | 150g |
| 달걀 | 2개 | | |
| 카놀라유 | 30g | | |
| 우유 | 30g | | |
| 설탕 | 100g | | |

**준비**

단호박은 미리 삶아두세요.


**TIP** 머핀을 찔 때 찜통 위에 면보를 덮어주면 물방울이 떨어지지 않아 모양이 예쁘게 만들어진답니다.

**1** 삶은 단호박 약 1/4개를 껍질과 함께 칼로 잘게 썰어주세요.

**2** 볼에 달걀, 설탕, 소금, 카놀라유를 넣고 거품기로 잘 섞어주세요.

**3** 우유와 잘게 자른 단호박을 넣고 주걱으로 가볍게 섞어주세요.

**4** 박력분, 베이킹파우더를 체 쳐 넣고 주걱으로 볼 바닥을 쓸어 엎어가면서 섞어주세요.

**5** 가루가 모두 흡수되고 반죽이 부드러운 상태가 되었으면 주걱질을 멈추고 찜통에 불을 지펴주세요.

**6** 물이 끓는 동안 찜컵에 반죽을 담아주세요. 부풀어 넘치지 않도록 용기의 80% 까지만 채워야 해요.

**7** 물이 끓으면 찜통에 반죽을 넣고 센불에서 약 15분가량 쪄주세요.

**8** 젓가락으로 찔러봐서 날반죽이 묻어나지 않으면 꺼내서 식혀주세요. 날반죽이 묻어나면 2~3분가량 더 쪄줍니다.

**9** 남은 단호박에 꿀 또는 설탕을 넣고 곱게 으깬 후 짤주머니에 담아 머핀 위에 예쁘게 짜주세요.

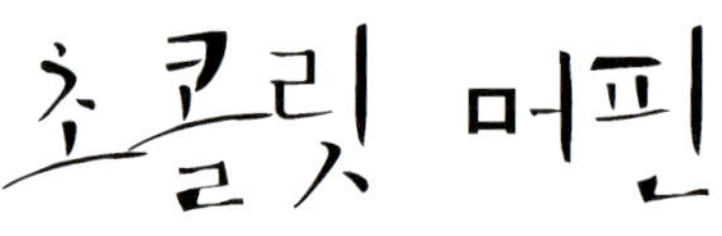

# 초콜릿 머핀

달콤 쌉싸래한 다크초콜릿을 사용해 지나치게 달지 않으면서 맛있는 초콜릿 머핀을 만들었어요.
버터와 오일을 전혀 쓰지 않고 스팀으로 촉촉하게 쪄냈기 때문에 더욱 부담 없이 즐길 수 있답니다.

**재료 | 5개 분량**

박력분 .............100g
베이킹파우더...........1t
다크초콜릿........100g
생크림 .............100g
설탕 ..............100g
달걀 .....................2개


**TIP** 제과용 다크초콜릿이 없을 때는 시판용 초콜릿을 사용해도 된답니다.

**1** 뜨거운 물에 생크림과 초콜릿 담은 볼을 담그고 천천히 저어가면서 녹여주세요.

**2** 부드럽게 녹은 초콜릿에 설탕을 녹인 후 볼을 꺼내 잠시 식혀두세요.

**3** 초콜릿이 미지근하게 식으면 달걀을 하나씩 깨 넣고 고루 섞어주세요.

**4** 박력분, 베이킹파우더를 체 쳐 넣고 주걱으로 볼 바닥을 쓸어 엎어가면서 섞어주세요.

**5** 가루가 잘 안 섞일 때는 손 거품기로 뒤엎어가며 섞어줘도 좋답니다.

**6** 찜통에 불을 지피고 찜컵에 반죽을 담아주세요. 아몬드를 올려줘도 좋아요.

**7** 물이 끓으면 찜통에 반죽을 넣고 센불에서 약 20분가량 쪄주세요.

**8** 젓가락으로 찔러봐서 날반죽이 묻어나지 않으면 꺼내서 식혀주세요.

**9** 완전히 식은 후에 슈가파우더를 뿌려주면 더욱 근사해진답니다.

# 카레 머핀

카레는 밥과 함께 먹어도 맛있지만 빵이나 케이크 같은 밀가루 음식과도 아주 잘 어울려요.
각종 채소들을 다져 넣고 폭신하게 쪄낸 카레 머핀 하나면 한 끼 식사로도 든든하답니다.

**재료 | 7개 분량**

| | | | |
|---|---|---|---|
| 박력분 | 180g | 우유 | 100g |
| 카레가루 | 2T | 감자 | 1개 |
| 베이킹파우더 | 1/2t | 당근 | 50g |
| 달걀 | 2개 | 쪽파 | 30g |
| 설탕 | 5T | | |
| 카놀라유 | 30g | | |


**TIP** 채소 양이 너무 많으면 반죽이 무거워서 잘 부풀지 않을 수 있으니 적당량을 지켜주는 것이 좋답니다.

**1** 감자, 당근, 쪽파는 옥수수 알 크기만큼 잘게 썰어서 준비해두세요.

**2** 볼에 달걀, 설탕, 카놀라유를 넣고 거품기로 잘 섞어주세요.

**3** 우유와 카레가루를 넣고 뭉치지 않도록 잘 섞어주세요.

**4** 준비해둔 채소들을 넣고 가볍게 뒤적여줍니다.

**5** 박력분, 베이킹파우더를 체 쳐 넣고 주걱으로 볼 바닥을 쓸어 엎어가면서 섞어주세요.

**6** 가루가 모두 흡수되고 반죽이 부드러운 상태가 되었으면 주걱질을 멈추고 찜통에 불을 지펴주세요.

**7** 물이 끓는 동안 찜컵에 반죽을 담아주세요. 부풀어 넘치지 않도록 용기의 80%까지만 채워야 해요.

**8** 물이 끓으면 찜통에 반죽을 넣고 센불에서 약 15분가량 쪄주세요.

**9** 젓가락으로 찔러봐서 날반죽이 묻어나지 않으면 꺼내서 식혀주세요.

# 크림치즈 머핀

크림치즈 하면 값도 비싸고 왠지 고급스러워서 다루기가 까다로울 것 같다고요?
어려워만 보이는 크림치즈도 간단한 찜 케이크로 얼마든지 쉽고 맛있는 머핀을 만들 수가 있답니다.

**재료 | 10개 분량**

박력분.................150g  우유...................60g
베이킹파우더............1t  아몬드...............1/2컵
크림치즈............200g
설탕...................100g
달걀........................2개
카놀라유...............40g

**준비**

• 크림치즈와 달걀은 냉장고에서 미리 꺼내두세요.
• 아몬드는 팬에 구운 후 잘게 부숴두세요.


**TIP** 식은 후에는 전자레인지에 살짝 데워 먹으면 맛있답니다.

**1** 실온에서 말랑해진 크림치즈를 부드럽게 풀어준 후 설탕을 넣고 고루 섞어주세요.

**2** 여기에 차갑지 않은 달걀을 하나씩 깨 넣고 충분히 섞어주세요.

**3** 박력분, 베이킹파우더를 체 쳐 넣고 주걱으로 볼 바닥을 쓸어 엎어가면서 섞어주세요.

**4** 가루가 살짝 덜 섞인 상태에서 우유를 조금씩 넣으며 뒤섞어줍니다.

**5** 잘게 부순 아몬드를 넣고 가볍게 섞어주세요. 반죽이 완성되었으면 찜통에 불을 지펴줍니다.

**6** 물이 끓는 동안 찜컵에 반죽을 나눠 담아 주세요. 아몬드를 올려줘도 좋아요.

**7** 물이 끓으면 찜통에 반죽을 넣고 센불에서 약 15분가량 쪄주세요.

**8** 젓가락으로 찔러봐서 날반죽이 묻어나지 않으면 꺼내서 식혀주세요.

**9** 유산지에 습기가 차지 않도록 찜컵에서 바로 꺼내 식혀주는 것이 좋답니다.

이스트는 물론 베이킹파우더도 쓰지 않고 오직 막걸리만을 이용해 만든 아주 건강한 빵이랍니다.
투박하면서도 깔끔한 맛에 한번 반하고 쌀빵 특유의 쫀득함에 다시 반하게 되는
콩지표 막걸리빵으로 옛 추억을 떠올려보세요!^^

1 은박 도시락 안쪽에 호일을 감싸주세요. 이렇게 하면 용기의 재활용이 가능하답니다.

2 볼에 달걀과 설탕을 넣고 거품기로 잘 섞어주세요.

3 달걀의 느른함이 부드럽게 풀렸으면 막걸리를 붓고 가볍게 섞어주세요.

4 제빵용 쌀가루를 체 쳐 넣고 거품기로 으깨주듯 가볍게 섞어주세요.

5 반죽 상태는 덩어리가 없고 걸쭉하게 흘러내리는 정도가 적당해요.

6 볼에 랩을 씌우고 따뜻한 물에 2~3시간 정도 담가두세요. 중간에 물이 식으면 따뜻하게 데워가며 온도를 일정하게 유지시켜주세요.

7 찜통에 불을 지핀 후 준비해둔 틀에 반죽을 붓고 찌기 직전에 건포도를 올려줍니다.

8 물이 끓으면 찜통에 반죽을 넣고 센불에서 약 15~20분가량 쪄주세요.

9 빵을 썰 때는 칼에 찬물을 묻혀가면서 썰어야 들러붙지 않고 깔끔하답니다.

삶은 고구마는 그냥 먹어도 맛있지만 고소한 견과류와 함께 다시 한 번 쪄주면 달콤하면서 고소한 맛의 찜 케이크가 된답니다.

**재료 | 7개 분량**

| | |
|---|---|
| 박력분 ..............100g | 카놀라유 ..............50g |
| 베이킹파우더 ..........1t | 호박고구마 .......200g |
| 달걀 ....................2개 | 호두, 아몬드 ......1/2컵 |
| 설탕 .....................5T | |
| 우유 ....................50g | |

**준비**

- 고구마는 미리 삶아두세요.
- 견과류는 미리 손질해두세요.

**TIP** 좀 더 부드러운 식감을 원할 때는 견과류를 생략하면 된답니다.

**1** 호박고구마는 삶은 후 부드럽게 으깨주세요. 밤고구마는 별도로 우유를 약간 섞어서 촉촉하게 으깨주세요.

**2** 호두와 아몬드는 팬에 살짝 볶은 후 잘게 부숴주세요.

**3** 볼에 달걀, 설탕, 카놀라유를 넣고 섞다가 고구마와 우유 절반을 넣고 가볍게 섞어주세요.

**4** 박력분, 베이킹파우더를 체 쳐 넣고 주걱으로 볼 바닥을 쓸어 엎어가면서 섞어주세요.

**5** 호두, 아몬드를 넣고 섞다가 남겨둔 우유를 넣고 부드럽게 섞어주세요.

**6** 물이 끓는 동안 찜컵에 반죽을 담아주세요. 부풀어 넘치지 않도록 용기의 80%까지만 채워야 해요.

**7** 물이 끓으면 찜통에 반죽을 넣고 센불에서 약 15분가량 쪄주세요.

**8** 젓가락으로 찔러봐서 날반죽이 묻어나지 않으면 꺼내서 식혀주세요.

**9** 유산지에 습기가 차지 않도록 접시보다는 바구니 위에 놓고 식혀주세요.

팥빙수용 단팥은 사용이 간편해서 베이킹할 때 아주 유용하게 활용할 수가 있답니다.
스펀지케이크를 만들어도 좋지요. 좀 더 간편하게 즐기시려면 간단한 찜 머핀을 만들어보세요.

**재료 | 5개 분량**

| | |
|---|---|
| 박력분 ..............100g | 우유 ..................50g |
| 베이킹파우더 ......1/2t | 빙수용단팥 ........200g |
| 달걀 ...................1개 | |
| 설탕 ..................3T | |
| 카놀라유 ............20g | |

**준비**

냉동한 단팥이라면 전자레인지에 미리 해동한 후 식혀두세요.


**TIP** 직접 만든 단팥 앙금을 사용하시면 더욱 좋겠지요? 소량씩 냉동해뒀다가 필요할 때 해동해서 사용하세요.

**1** 빙수용 단팥은 약 한 컵 정도 준비하면 됩니다.

**2** 볼에 달걀, 설탕, 카놀라유를 넣고 거품기로 잘 섞어주세요.

**3** 팥빙수용 단팥과 우유를 넣고 뭉치지 않도록 잘 섞어주세요.

**4** 박력분, 베이킹파우더를 체 쳐 넣고 주걱으로 볼 바닥을 쓸어 엎어가면서 섞어주세요.

**5** 가루가 모두 흡수되고 반죽이 부드러운 상태가 되었으면 주걱질을 멈추고 찜통에 불을 지펴주세요.

**6** 물이 끓는 동안 찜컵에 반죽을 담아주세요. 부풀어 넘치지 않도록 용기의 80%까지만 채워야 해요.

**7** 물이 끓으면 찜통에 반죽을 넣고 센불에서 약 15분가량 쪄주세요.

**8** 젓가락으로 찔러봐서 날반죽이 묻어나지 않으면 꺼내서 식혀주세요.

**9** 유산지에 습기가 차지 않도록 찜컵에서 바로 꺼낸 후 바구니 위에 놓고 식혀주세요.

# 사과 머핀

사과와 당근은 함께 갈아 먹으면 훌륭한 건강 음료가 되지요. 여기서 착안해 머핀을 만들어봤답니다. 달콤한 사과조림에 은은한 계피 향을 더하고 빨간 당근으로 색감을 보완해주면 보기도 좋고 맛도 좋은 훌륭한 간식이 되지요.

| | | | |
|---|---|---|---|
| 박력분 | 200g | 소금 | 1/4t |
| 베이킹파우더 | 1t | 당근 | 50g |
| 달걀 | 2개 | **사과조림** | |
| 우유 | 100g | 사과 | 1개 |
| 카놀라유 | 30g | 설탕 | 2T |
| 설탕 | 80g | 계피가루 | 1/2t |

**준비**

당근은 잘게 다져두세요.

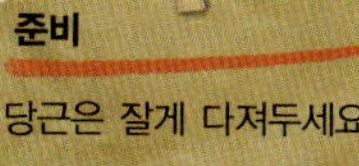

TIP 기호에 따라 당근이나 계피가루는 생략하셔도 됩니다.

**1** 사과를 잘게 썰어서 설탕, 계피가루와 함께 버무린 후 센불에서 조리다가 국물이 바특해지면 불을 끄고 식혀주세요.

**2** 볼에 달걀, 카놀라유, 설탕, 소금을 넣고 섞다가 우유를 절반을 넣고 가볍게 섞어줍니다.

**3** 박력분, 베이킹파우더를 체 쳐 넣고 주걱으로 볼 바닥을 쓸어 엎어가면서 섞어주세요.

**4** 가루가 살짝 덜 섞인 상태에서 남겨둔 우유를 넣고 다시 한 번 뒤엎어가면서 섞어주세요.

**5** 사과조림과 다진 당근을 넣고 한곳에 뭉치지 않도록 두어 번 정도 가볍게 섞어주세요.

**6** 반죽이 너무 질지 않아야 사과조림이 가라앉지 않는답니다. 반죽이 완성되었으면 찜통에 불을 지펴주세요.

**7** 물이 끓는 동안 찜컵에 반죽을 담아주세요. 부풀어 넘치지 않도록 용기의 80%까지만 채워야 해요.

**8** 물이 끓으면 찜통에 반죽을 넣고 센불에서 약 15분가량 쪄주세요.

**9** 젓가락으로 찔러봐서 날반죽이 묻어나지 않으면 꺼내서 식혀주세요.

# 딸기 머핀

딸기는 오랫동안 보관을 할 수가 없다는 것이 참 아쉽죠.
모양이 살짝 망가진 딸기가 있다면 맛있는 찜 케이크에 활용해보세요.
딸기의 색다른 맛을 즐길 수 있답니다.

**TIP** 딸기는 익으면서 색이 많이 바라기 때문에 완성 후 바로 먹는 것이 좋답니다.

**1** 딸기는 반으로 나눠서 절반은 믹서에 갈고 나머지 절반은 굵게 썰어주세요.

**2** 볼에 달걀, 설탕, 카놀라유를 넣고 거품기로 잘 섞어주세요.

**3** 딸기 간 것을 넣고 가볍게 섞어줍니다.

**4** 박력분, 베이킹파우더를 체 쳐 넣고 주걱으로 볼 바닥을 쓸어 엎어가면서 섞어주세요.

**5** 굵게 썰어둔 딸기를 넣고 가볍게 섞어주세요. 반죽이 완성되었으면 찜통에 불을 지펴줍니다.

**6** 물이 끓는 동안 찜컵에 반죽을 80% 높이까지 담고 딸기 조각을 몇 개씩 올려주세요.

**7** 물이 끓으면 찜통에 반죽을 넣고 센불에서 약 15분가량 쪄주세요.

**8** 젓가락으로 찔러봐서 날반죽이 묻어나지 않으면 꺼내서 식혀주세요.

**9** 유산지에 습기가 차지 않도록 찜컵에서 바로 꺼낸 후 바구니 위에 놓고 식혀주세요.

# 모카 구겔호프

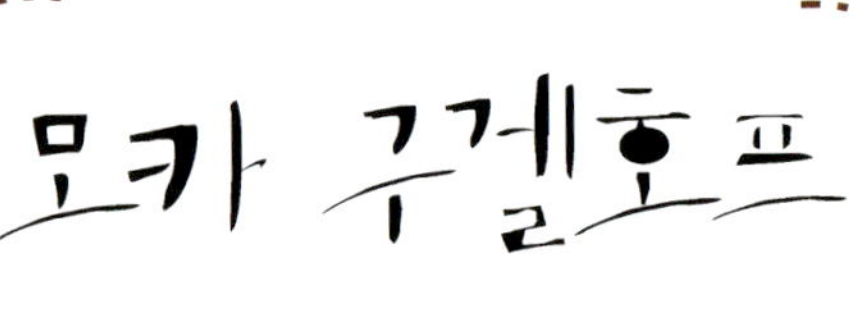

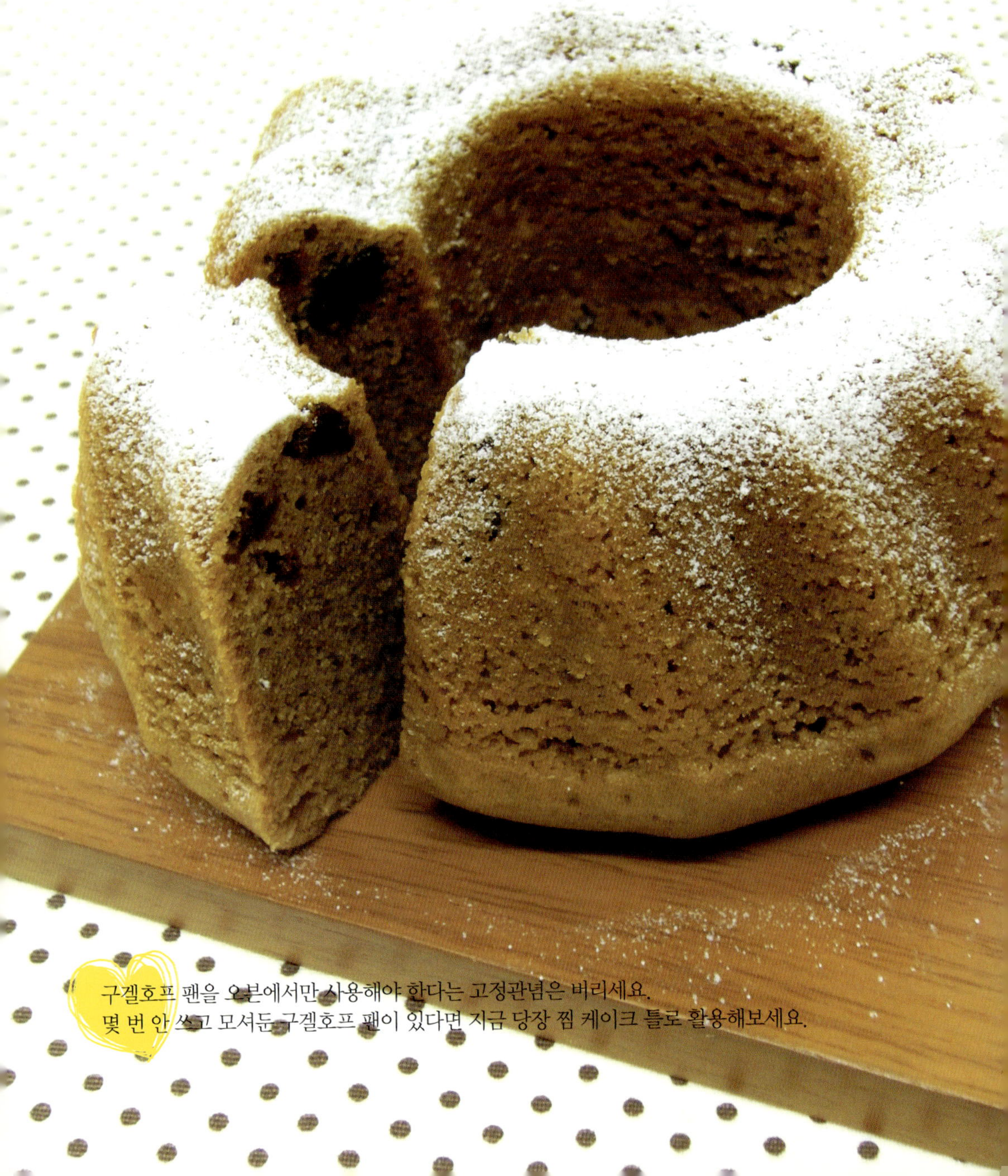

구겔호프 팬을 오븐에서만 사용해야 한다는 고정관념은 버리세요.
몇 번 안 쓰고 모셔둔 구겔호프 팬이 있다면 지금 당장 찜 케이크 틀로 활용해보세요.

### 재료

| | | | |
|---|---|---|---|
| 박력분 | 140g | 커피 | 1T |
| 베이킹파우더 | 1/2t | 건포도 | 50g |
| 달걀 | 2개 | | |
| 설탕 | 80g | | |
| 카놀라유 | 30g | | |
| 우유 | 40g | | |

### 준비

지름이 18cm인 구겔호프 팬을 준비하세요.


**TIP** 구겔호프 팬은 모양이 울퉁불퉁해서 버터를 빈틈 없이 꼼꼼하게 발라줘야 나중에 케이크가 깔끔하게 잘 빠져나온답니다.

**1** 구겔호프 팬 안쪽에 붓을 이용해 버터를 꼼꼼하게 펴 발라주세요.

**2** 따뜻한 우유에 커피를 잘 녹인 후 식혀주세요. 건포도가 딱딱할 때는 함께 담가주면 좋아요.

**3** 볼에 달걀, 설탕, 카놀라유를 넣고 거품기로 잘 섞어주세요.

**4** 커피를 녹인 우유와 건포도를 넣고 가볍게 섞어주세요.

**5** 박력분, 베이킹파우더를 체 쳐 넣고 주걱으로 볼 바닥을 쓸어 엎어가면서 섞어주세요.

**6** 찜통에 불을 켜고 물이 끓는 동안 구겔호프 팬에 반죽을 쏟아 부어주세요.

**7** 물이 끓으면 찜통 안에 반죽을 넣고 센 불에서 약 18분가량 쪄주세요.

**8** 젓가락으로 찔러봐서 날반죽이 묻어나지 않으면 꺼내서 식혀주세요.

**9** 팬을 뒤집어 바닥에 힘 있게 쳐서 거꾸로 꺼낸 후 식혀주세요.

가족들의 생일이나 특별한 기념일이 되면 빠질 수 없는 것이 바로 생크림 케이크이지요.

약간 난이도가 있는 것부터 스펀지를 구울 필요가 없는 초간단 생크림 케이크에 이르기까지 다양하게 준비되어 있으니

기본 스펀지와 응용 스펀지를 활용해 나만의 데코 케이크를 예쁘게 꾸며보세요.

# PART 8

특별한 날을 위한
## 생크림 케이크

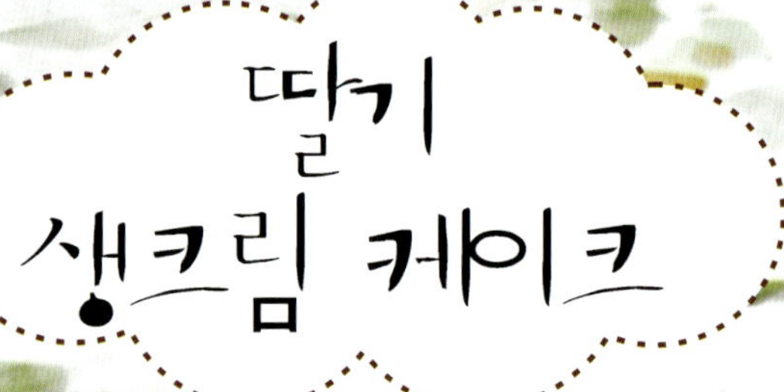

# 딸기
# 생크림 케이크

가장 기본적이면서도 만들기 쉬운 딸기 장식 생크림 케이크예요.
딸기 하나만으로 심플하면서 멋스러운 데코 케이크를 만들 수가 있기 때문에 아이싱에 자신이 없는
분들이나 초보자들이 따라 하기 좋은 케이크랍니다.

**재료 | 10인용**

| | | | |
|---|---|---|---|
| 기본 스펀지 | 1개 | **장식** | |
| **시럽** | | 생크림 | 500g |
| 물 | 50g | 설탕 | 50g |
| 설탕 | 2T | 딸기 | 약 30개 |
| 커피 | 2t | | |

**준비**

시럽은 뜨거운 물에 설탕과 커피를 녹인 후 식혀두세요.

**TIP** 장식에 쓸 딸기는 반으로 가른 후 종이 타월 위에 놓고 물기를 빼주면 더욱 깔끔하답니다.

**1** 20쪽을 참고해 스펀지를 구운 후 3단으로 슬라이스해주세요.

**2** 딸기는 씻어서 물기를 뺀 후 장식용은 길게 반으로 가르고 샌드용은 세로로 얇게 저며주세요.

**3** 생크림에 설탕을 넣고 단단하게 섞어주세요. 가당 크림일 경우에는 설탕을 생략하세요.

**4** 저며둔 스펀지 한 장을 접시에 놓고 커피시럽을 촉촉하게 뿌려주세요.

**5** 케이크에 생크림을 바른 후 저며둔 딸기를 올리고 꾹 눌러주세요.

**6** 두 번째 스펀지를 덮고 시럽, 생크림, 딸기를 한 번 더 올린 다음 맨 윗장을 덮어주세요.

**7** 케이크에 생크림을 듬뿍 올리고 전체적으로 매끄럽게 도포해줍니다.

**8** 접시에 묻은 크림은 손가락으로 깨끗하게 닦아주세요.

**9** 테두리를 따라 반으로 가른 딸기를 붙여서 예쁘게 장식해주세요.

커피 향을 좋아하는 분들에게 향긋한 모카 생크림 케이크를 빼 놓고 얘기할 수는 없지요.
지나치게 달지도 않고 느끼하지 않으면서 입안 가득 퍼지는 은은한 커피 향이 지친 마음에 작은 휴식을
안겨준답니다.

**1** 25쪽을 참고해 모카 스펀지를 구운 후 3단으로 슬라이스해주세요.

**2** 시럽과 커피엑기스는 미리 만들어 식혀두세요.

**3** 생크림을 거품 내다가 거의 완성될 무렵 커피엑기스를 넣고 고루 섞어주세요. 무가당 크림일 경우 설탕을 50g 넣고 섞어주세요.

**4** 저며둔 스펀지 한 장을 접시에 놓고 시럽을 뿌린 후 생크림을 바르고 키위를 올려주세요.

**5** 두 번째 스펀지를 덮고 시럽, 생크림, 키위를 한 번 더 올린 다음 맨 윗장을 덮고 전체적으로 생크림을 도포해줍니다.

**6** 짤주머니에 7발 별깍지를 끼우고 남은 생크림을 담은 후 케이크 위에 예쁘게 짜주세요.

**7 가나슈 만들기** 생크림과 다크초콜릿을 담은 볼을 뜨거운 물에 담고 주걱으로 저어가면서 부드럽게 녹여주세요.

**8** 가나슈가 미지근하게 식으면 짤주머니에 담아 케이크 테두리를 따라 짜주고 초콜릿을 다져서 케이크 중앙에 올려주세요.

**9** 케이크 옆면에 이쑤시개를 대고 접시를 돌리면 자연스러운 무늬가 만들어진답니다.

달콤한 초콜릿과 예쁜 체리 장식이 특징인 초코 생크림 케이크는 제과점을 지날 때마다 꼭 한번 만들어 보고 싶었던 케이크 중 하나였어요. ^^
맛은 물론 장식이 풍성하고 화려해서 누가 만들어도 인기 최고랍니다.

**재료 | 6인용**

| 스펀지 | | 장식 | |
|---|---|---|---|
| 박력분 | 120g | 생크림 | 400g |
| 코코아가루 | 20g | 코코아가루 | 3T |
| 베이킹파우더 | 1/2t | 딸기 | 10개 |
| 달걀 | 3개 | 체리 | 6개 |
| 설탕 | 100g | 다크초콜릿 | 100g |
| 카놀라유 | 30g | 코팅용 초콜릿 | 100g |
| 우유 | 70g | | |


**TIP** 장식으로 쓸 초콜릿을 만드는 작업이 번거로울 때는 벽돌모양 초콜릿 제품을 구입해서 쓰거나 블라섬을 이용해도 좋답니다.

**1** 24쪽을 참고해 초코 스펀지를 구운 후 3단으로 슬라이스해주세요.

**2** 뜨거운 물에 코팅용 초콜릿과 다크초콜릿 담은 볼을 담그고 주걱으로 저어가면서 부드럽게 녹여주세요.

**3** 작은 사각 통에 비닐을 깔고 녹인 초콜릿을 부어 단단하게 굳혀주세요.

**4** 생크림을 거품 내다가 거의 완성될 무렵 코코아가루를 넣고 섞어주세요. 무가당 크림일 경우 설탕을 40g 넣고 섞어주세요.

**5** 저며둔 스펀지 한 장을 접시에 놓고 초코 생크림을 바른 후 딸기를 올리고 꾹 눌러주세요.

**6** 두 번째 스펀지를 덮고 생크림, 딸기를 한 번 더 올린 다음 맨 윗장을 덮고 전체적으로 생크림을 도포해줍니다.

**7** 단단하게 굳은 초콜릿을 얇은 칼이나 숟가락으로 긁어서 케이크 위에 듬뿍 올려주세요.

**8** 옆면은 숟가락과 이쑤시개를 이용해서 빈틈없이 붙여주면 된답니다.

**9** 남은 생크림을 별깍지를 끼운 짤주머니에 담아 동그랗게 짜준 후 체리를 올려 장식해주세요. 체리대신 포도나 딸기를 올려줘도 예쁘답니다.

케이크 중앙을 동그랗게 도려내 시폰 케이크와 같은 느낌으로 만들어봤답니다.
은은한 조록색 크림으로 싱그러운 녹차 잎을 표현했더니 아주 근사한 데코 케이크가 완성되었네요. ^^

| 재료 | 10인용 | |
| --- | --- | --- |
| 녹차 스펀지 .......... 1개 | 장식 | |
| 시럽 | 생크림 .............. 500g | |
| 물 .......... 50g | 딸기 .............. 5개 | |
| 설탕 .......... 2T | 키위 .............. 2개 | |
| | 녹차가루 .......... 적당량 | |



**준비**

시럽은 뜨거운 물에 설탕 또는 꿀을 녹인 후 식혀두세요.

**TIP**
• 생크림에 녹차가루를 너무 많이 넣게 되면 지나치게 쓴맛이 나서 먹기 힘들 수 있으니 주의하세요.
• 과한 휘핑으로 녹차 크림이 너무 뭉칠 때에는 액체 상태의 생크림을 조금씩 섞어가며 부드럽게 만들어주세요.

**1** 25쪽을 참고해 녹차 스펀지를 구운 후 3단으로 슬라이스해주세요.

**2** 스펀지 중앙에 이쑤시개로 콕콕 찔러서 작은 원을 표시해준 후 빵칼을 수직으로 세워 동그랗게 잘라내주세요.

**3** 생크림을 단단하게 거품 내주세요. 무가당 크림일 경우 설탕을 50g 넣고 휘핑해주세요.

**4** 저며둔 스펀지 한 장을 접시에 놓고 시럽을 뿌린 후 생크림을 바르고 딸기와 키위를 올려 꾹 눌러주세요.

**5** 두 번째 스펀지를 덮고 시럽, 생크림, 과일을 한 번 더 올린 다음 맨 윗장을 덮고 전체적으로 생크림을 도포해줍니다.

**6** 녹차가루에 물을 살짝 섞어서 최대한 진하고 부드럽게 개어주세요.

**7** 도포하고 남은 생크림에 물에 개어둔 녹차를 적당히 넣어가면서 연한 초록색 크림을 만들어주세요.

**8** 완성된 초록색 크림을 짤주머니에 담아 케이크 위에 나뭇잎모양으로 짜줍니다.

**9** 물에 개어둔 녹차를 이쑤시개 끝에 묻혀가면서 잎맥을 표현해주고 옆면은 숟가락 뒷면을 이용해 자연스럽게 발라주세요.

쌀가루와 단호박을 이용해 만든 단호박 크림 케이크는 생크림의 양을 줄이고 촉촉한 단호박을 듬뿍 넣었기 때문에 느끼하지 않으면서 부드럽고 달콤해서 부모님을 위한 케이크로 아주 좋답니다.

**재료 | 10인용**

| 스펀지 | | 장식 | |
|---|---|---|---|
| 제과용 현미가루 | 90g | 생크림 | 250g |
| 달걀 | 3개 | 단호박 | 250g |
| 설탕 | 90g | 설탕 | 1T |
| 카놀라유 | 30g | 딸기 | 5개 |
| 우유 | 40g | | |

**준비**

단호박은 미리 삶아두세요.

**TIP** 하트 장식을 할 때는 오목한 홈 부분에서부터 짜기 시작해 하트를 중심으로 좌우 서로 반대 방향으로 원을 그리며 짜두고, 마지막 뾰족한 부분에서는 양쪽이 하트모양으로 만나게 해줘야 예쁘답니다.

**1** 20쪽을 참고해 스펀지를 구운 후 2단으로 슬라이스해주세요.

**2** 단호박은 노란 속실만 분리해서 설탕을 1T 넣어 포크로 잘 으깨주세요.

**3** 스펀지가 완전히 식으면 접시에 뒤집어 놓고 하트모양으로 잘라줍니다.

**4** 생크림을 단단하게 거품 내다가 단호박을 넣고 가볍게 섞어주세요. 무가당 크림일 경우 설탕을 2T 넣고 섞어주세요.

**5** 스펀지 한 장을 접시에 놓고 단호박크림을 바른 후 저며둔 딸기를 꾹 눌러주세요.

**6** 남은 스펀지를 덮고 케이크 전체에 하트모양으로 단호박 크림을 꼼꼼하게 발라줍니다.

**7** 케이크에 바르고 남은 생크림에 단호박을 약간 더 섞어서 좀 더 진한 노란색 크림을 만들어줍니다.

**8** 짤주머니에 5발 별깍지를 끼우고 진한 단호박 크림을 담은 후 케이크 테두리를 따라 원을 그리며 장미모양으로 짜주세요.

**9** 삶은 단호박 껍질을 이용해 글씨와 점선모양을 표현해줘도 예쁘답니다.

# 딸기 가나슈 케이크

가나슈 케이크는 특별한 아이싱 기술이 필요하지 않기 때문에 의외로 만들기가 쉽답니다.
초콜릿 코팅이라 많이 달 것 같지만 생각만큼 그리 달지도 않고요.
적당히 기분 좋은 당도와 촉촉한 그 맛에 모두가 반할 거예요!^^

**재료 | 10인용**

| | |
|---|---|
| 초코 스펀지 ............1개 | **샌드크림** |
| 딸기 ....................20개 | 생크림 ...................250g |
| **시럽** | 설탕 .........................2T |
| 물 ........................50g | **가나슈** |
| 설탕 ........................2T | 다크초콜릿 ...........200g |
| 커피 ........................2t | 생크림 ...................200g |

**준비**

딸기는 손질해서 적당한 크기로 썰어두세요.

**TIP** 케이크 바닥에 은박 호일을 깔아주면 케이크를 부서지지 않고 안전하게 옮길 수 있어요. 선물용일 경우 호일 대신 투명한 OHP필름을 사용하면 더욱 깔끔하답니다.

**1** 24쪽을 참고해 초코 스펀지를 구운 후 3단으로 슬라이스해주세요.

**2** 은박 호일을 두세 겹 겹쳐서 케이크보다 약간 작은 크기의 원형으로 오려주세요.

**3 시럽 만들기** 뜨거운 물에 설탕과 커피를 넣고 녹인 후 식혀두세요.

**4** 생크림에 설탕을 넣고 단단하게 거품 내주세요. 가당 크림일 경우에는 설탕을 생략하세요.

**5** 식힘망 위에 오려둔 은박 호일을 깔고 그 위에 스펀지를 한 장 놓은 후 시럽을 뿌리고 생크림과 딸기를 올려주세요.

**6** 두 번째 스펀지를 덮고 시럽, 생크림, 딸기를 한 번 더 올린 다음 맨 윗장을 덮고 옆부분을 매끄럽게 정리해주세요.

**7 가나슈 만들기** 생크림을 데우다가 가장자리에서 거품이 일기 시작하면 불을 끄고 초콜릿을 넣은 후 거품이 생기지 않도록 천천히 저어가면서 녹여주세요.

**8** 가나슈가 미지근하게 식고 코팅하기 적당한 묽기가 되면 케이크 위에 부어주세요.

**9** 코팅된 가나슈가 어느 정도 굳으면 딸기를 올려 장식을 하고 젓가락으로 들어 올려 접시에 옮긴 후 냉장 보관하세요.

# 가토 쇼콜라

초콜릿을 듬뿍 넣어 만든 달콤한 가토 쇼콜라는 한번 맛보면 그 진하고 촉촉한 맛에 누구나 반한답니다. 입안에서 살살 녹는 부드럽고 진한 초콜릿 케이크로 달콤한 기분 전환을 해 보세요~

박력분 ....................50g
달걀 ....................4개
설탕 ....................80g
다크초콜릿 ...........150g
생크림 ....................100g
카놀라유 ...............30g

**준비**

• 흰자와 노른자를 분리해 두세요.
• 밥솥은 바닥과 옆면에 버터를 고루 발라두세요.

**TIP** 가토 쇼콜라는 무겁고 촉촉한 케이크이기 때문에 식으면서 어느 정도는 자연스럽게 모양이 가라앉는답니다.

**1** 뜨거운 물에 생크림과 초콜릿 담은 볼을 담그고 주걱으로 살살 저어가면서 덩어리가 없도록 잘 녹여주세요.

**2** 초콜릿이 미지근하게 식으면 노른자를 넣고 섞다가 카놀라유를 넣고 부드럽게 섞어줍니다. 초콜릿이 뜨거울 때 넣으면 노른자가 익어서 덩어리가 생길 수 있으니 주의하세요.

**3** 흰자를 하얗게 거품 내다가 설탕을 넣어가면서 섞어주세요.

**4** 미리 준비해둔 초콜릿 반죽을 두 번으로 나눠 넣어가면서 거품기로 가볍게 섞어주세요.

**5** 박력분을 체 쳐 넣고 거품기로 볼 바닥을 쓸어 엎어가면서 섞어줍니다.

**6** 가루가 모두 흡수되고 반죽이 부드러운 상태가 되었으면 볼 주변을 정리해 반죽을 모아주세요.

**7** 밥통에 반죽을 붓고 주걱으로 가볍게 긁어 윗면을 평평하게 정리해주세요.

**8** 찜기능으로 50분 구워주면 완성된답니다.

**9** 부서지지 않게 조심히 꺼낸 다음 냉장고에 차갑게 식힌 후 먹기 좋게 잘라주세요.

상큼하고 향긋한 딸기 향이 매력적인 딸기 다이스 케이크는 아이싱 기술도 필요 없고, 간단한 재료만으로도 화려한 느낌을 표현하기 좋은 케이크랍니다. 어려운 장식에 자신이 없는 분들께 추천합니다. ^^

**1** 60쪽을 참고해 딸기 스펀지를 구운 후 3단으로 슬라이스해주세요.

**2** 딸기를 씻어 물기를 뺀 후 적당한 크기로 썰어주세요.

**3** 시럽 만들기 뜨거운 물에 설탕을 녹인 후 식혀두세요.

**4** 생크림을 단단하게 거품 내주세요. 무가당 크림일 경우 설탕을 40g 넣고 섞어주세요.

**5** 저며둔 스펀지 한 장을 접시에 놓고 시럽을 촉촉하게 뿌려줍니다.

**6** 생크림을 바른 후 저며둔 딸기를 올려 눌러주세요.

**7** 두 번째 스펀지를 덮고 시럽, 생크림, 딸기를 한 번 더 올려준 후 맨 윗장을 덮어주세요.

**8** 케이크에 전체적으로 생크림을 도포해줍니다. 약간 거칠어도 상관없어요.

**9** 딸기 다이스를 빈틈없이 뿌려준 후 싸인판 등을 올려 장식해주세요.

초간단
생크림 케이크
I ♥ YOU
스펀지를 굽는 것이 어렵고 번거로울 때 시판카스테라를 활용하면 아주 쉽게 생크림 케이크를 만들 수
가 있답니다. 간단한 간식으로도 좋고 선물용으로도 훌륭하지요. ^^

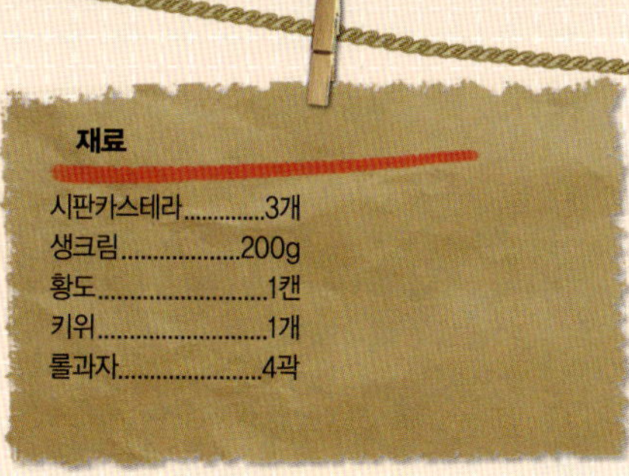

**1** 타원형 시판카스테라를 사진처럼 배치하고 둥글게 맞닿는 부분은 살짝 직선으로 잘라내 자연스러운 모양을 만들어주세요.

**2** 각각의 카스테라들을 모두 2단으로 슬라이스해주세요.

**3** 생크림을 단단하게 거품 내주세요. 무가당 크림일 경우 설탕을 2T 넣고 섞어주세요.

**4** 저며둔 카스테라를 모양이 흐트러지지 않도록 접시에 깔고 황도 시럽을 뿌려주세요.

**5** 생크림을 바르고 황도를 잘게 잘라 올려준 후 다시 한 번 생크림을 얇게 펴 발라줍니다.

**6** 나머지 카스테라 조각들을 모양대로 맞춰서 케이크 위에 덮고 시럽을 촉촉하게 발라주세요.

**7** 케이크에 생크림을 듬뿍 올리고 전체적으로 매끄럽게 도포해줍니다.

**8** 롤모양의 과자를 적당한 길이로 잘라서 케이크 옆면에 붙여주세요.

**9** 각종 싱싱한 과일을 이용해 예쁘게 장식해주세요.

시판카스테라의 또 다른 놀라운 변신!
작지만 정성이 듬뿍 담긴 미니 하트 케이크로 당신의 마음을 전해보세요.
하트모양 틀이나 스펀지를 구울 필요가 없어 언제든 쉽게 만들 수가 있답니다.

**1** 타원형 시판카스테라 2개를 서로 반대 방향이 되도록 사선으로 잘라줍니다.

**2** 하트모양이 되도록 각각 짝을 지어 맞 댄 후 모양을 한 번 더 다듬어주세요.

**3** 케이크를 2단으로 저민 후 시럽을 촉 촉하게 뿌리고 다시 덮어주세요.

**4** 가운데 경계 부분에 생크림을 얇게 펴 바르고 다시 하나로 붙여주세요.

**5** 생크림(가당)을 단단하게 거품 낸 후 케이크 표면에 도포해줍니다.

**6** 남은 생크림을 짤주머니에 담고 테두리 를 따라 작은 구슬모양으로 짜줍니다.

**7** 딸기를 잘게 잘라 하트모양으로 올려 주고 아랫단에는 과자 부순 것을 붙여 주세요.

**8** 딸기, 키위, 황도 등 색상이 다양한 과 일들을 함께 활용해보세요.

**9** 딸기가루, 녹차가루, 코코아가루, 황치 즈가루 등을 뿌려줘도 예쁘답니다.

얼굴도 몸매도 '착하게' 예뻐지는 뷰티 시크릿이 여기에 모두 있다!
365일 티 안 나게 예뻐지자
고민 말고 아름다움을 내 얼굴에, 몸에 걸쳐라!

## 원포인트 메이크업

**초보자에게 더 유용한 셀프 메이크업, 쉬운 메이크업 하코냥에게 배워라!**

파워 블로거 '하코냥'이 메이크업을 시작하기 전 준비물부터 메이크업 브러시의 종류와 세척 방법, 기초 화장품을 바르고 지우는 법, 눈썹 그리기, 마스카라 종류와 선택법 등 수많은 화장품 앞에서 망설이는 초보자가 꼭 알아야 할 정보들을 짚어준다. 그리고 스킨, 아이, 립, 블러셔 등 한 곳에 포인트를 준 화장법을 소개한다. 자연스럽게 얼굴에 생기를 불어넣는 테크닉이 담겨 있다. 집에 묵혀 두었던 화장품을 꺼내 하나씩 따라 하다 보면, 러블리, 로맨틱, 큐트, 시크 등 색다른 분위기를 연출할 수 있다. 초보자에게 더 유용한 메이크업 테크닉으로 매일 새로운 나의 모습을 발견해 보자.

박미화 지음 | 216쪽 | 값 14,500원

## 슈퍼 다이어트 : 채식 몸짱 혜강의

**7주간의 채식 식단과 운동 프로그램이 한 권에 들어 있다!**

아시아 최초이자 유일한 비건(Vegan) 보디빌더 트레이너 도혜강의 7주 10kg 감량 프로젝트를 소개한다. 주차별로 운동 초보자로 쉽게 따라 할 수 있는 운동 프로그램과 간단한 채식 레시피를 수록하였다. 이 책대로 하여 7주 사이클이 끝나면 다시 첫 주로 돌아가 운동 횟수를 늘리고 소요 시간 단축을 목표로 운동 강도를 높여 슈퍼 다이어트를 이어나가면 된다. 이 프로젝트에 참여한다면 꿈만 꾸던 탄탄한 몸매와 건강을 함께 얻을 수 있을 것이다.

혜강 지음 | 160쪽 | 값 15,000원